四季服饰编织DIY系列

工艺编织 综合篇

孙林琴编织教室

孙林琴 编

东华大学出版社

目录

CONTENTS

NO.1 盘花马夹（编织方法）

用料：$20\frac{s}{2} \times 2$ 丝光烧毛、精梳棉　　各部位尺寸按1：4制图

重量：150g　　工具：钩针一枚　　单位：cm

结构图

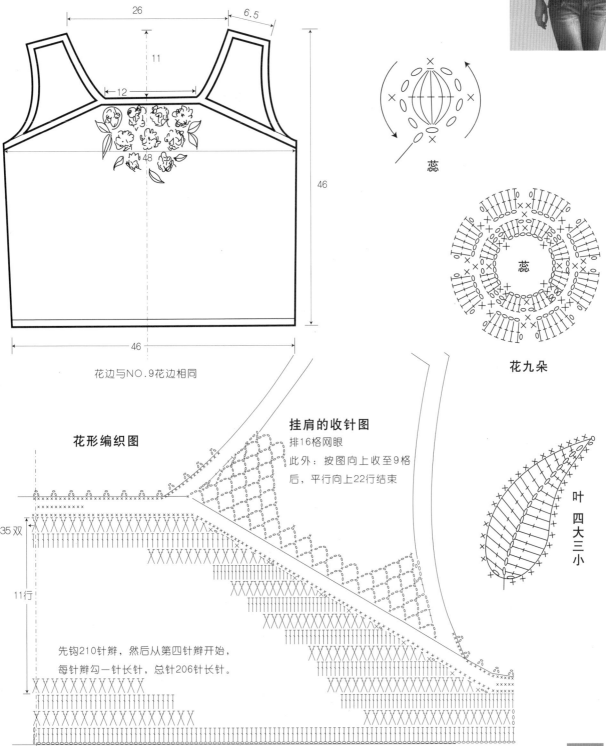

花边与NO.9花边相同

花形编织图

挂肩的收针图
排16格网眼
此外：按图向上收至9格
后，平行向上22行结束

蕊

花九朵

叶 四大三小

35双

11行

先钩210针辫，然后从第四针辫开始，
每针辫勾一针长针，总针206针长针。

1 盘花马夹

细腻有立体感的花朵
配以生动的叶片组成的装饰
在胸口部位的点缀
演绎华美气质
镂空肩带的设计
和下摆的扇形纹样的装饰
提升优雅度，显得格外华丽
时尚的蓝色
可以和任何款式搭配

编织方法：第3页

2 双面穿马夹

炎热的夏季
许多人都会选择一款
镂空花形的编织衫
扇形的花纹
下摆与领口孔雀状花纹的渐变
双面穿着的效果
无不成为这款马夹的亮点

编织方法：第6页

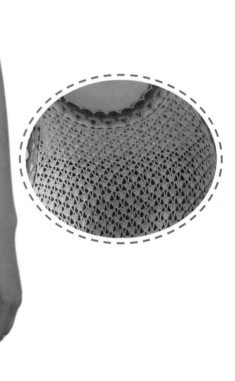

NO.2 双面穿马夹（编织方法）

用料：20$\frac{s}{2 \times 2}$ 丝光棉　　重量：130g　　主色：120g　　配色：A 5g　B 5g

规格：身长 50cm　　胸宽 50cm　　肩宽 32cm　　内领宽 23cm

前领深 13cm　　后领深 9cm　　挂肩 21cm　　臀围宽 48cm

结构图

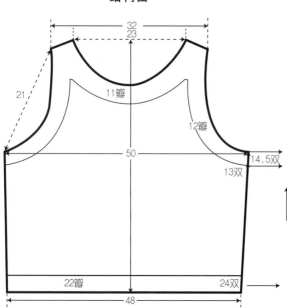

32
23
11瓣
12瓣
21
50
14.5双
13双
22瓣
24双
48

花边与秋冬款NO.10相同
（配色）

1：1花稿图

1：1花稿图

后背：挂肩、后领和肩

1：1 编织图

前片：挂肩和前领

1：1 编织图

领边11瓣
袖边12瓣
下摆22瓣

前｜领

中　心

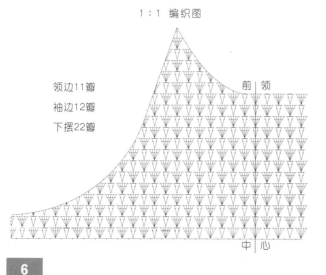

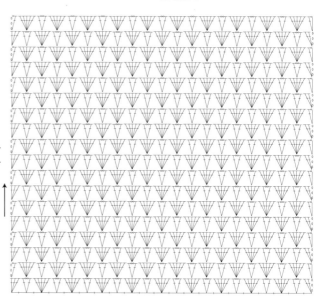

后背：
下摆花形

袖，领边
横泡泡针

NO.3 大红连线马夹（编织方法）

用料：$20^5_{2\times2}$ 棉（丝光烧毛）

重量：180g　工具：钩针一枚

结构图

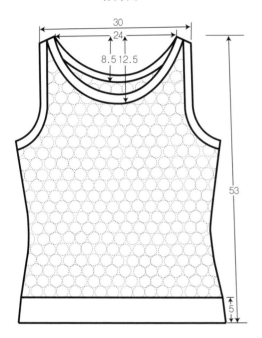

30
24
8.5 12.5
53
5

领，袖边

下摆边花形

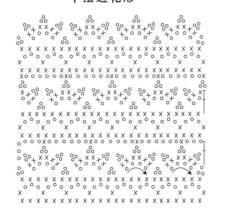

花形连接图

三种针法：辫，短针，长针组成

〇　✕　T

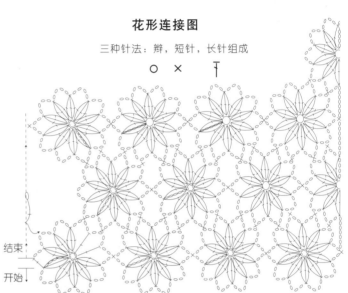

结束
开始

后片花形排列图

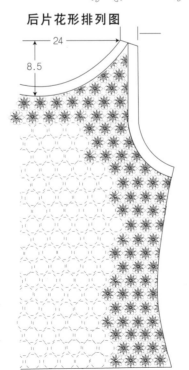

24
8.5

前片花形排列图

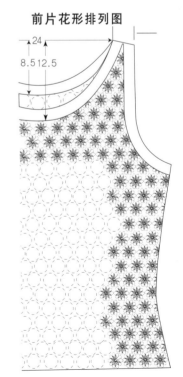

24
8.5 12.5

3 大红连线马夹

喜气但不张扬

全身精致的小花

透露着时尚气息

大圆领、细肩带的设计

更显女性的柔美

给人一种热烈向上的感觉

编织方法：第7页

4 双肩带马夹

花飞蝶舞的季节
编织衫的设计也随之渐展
轻盈靓丽之色
细致的连钩花纹疏密有致
简洁的交叉肩带与波浪形花边
女人味十足
淡雅色系的选择平添几分
优雅气息

编织方法：第10页

NO.4 双肩带马夹（编织方法）

用料：$20\frac{s}{2}\times2$ 丝光线　　重量：110g　　工具：钩针一枚1-2#

密度：10cm×10=52针×19行　　肩带：20.5cm—2根　　19cm—2根

规格：身长 43cm　　挂肩 20cm　　胸宽 42cm　　下摆 42cm

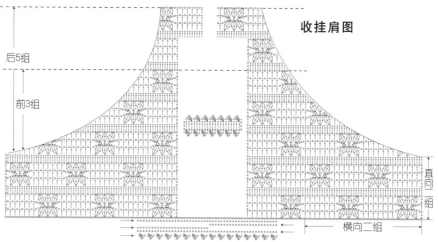

收挂肩图

后5组

前3组

直向二组

横向二组

排列工艺：先钩216针辫按横向花形，每组24针辫共排9组，参考编织花形图向上钩至直向12组

按图左、右收挂肩：前一片向上钩3组，后一片向上钩5组，然后前后缝合，上、下钩边装肩带

花形图

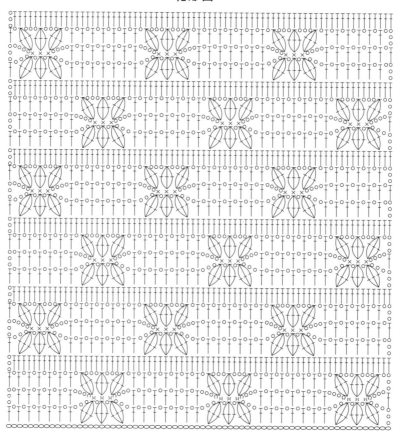

NO.5 蓝印花短袖套衫（编织方法）

用料：100%棉

重量：210g　　进线：20$\frac{s}{2}$×3股进线,蓝白两色

结构图

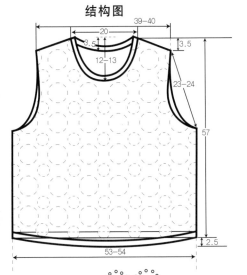

39-40
20
3.5
12-13
3.5
23-24
57
53-54
2.5

渐变配色方法：

① 白3股　② 白2股，蓝1股

③ 白1股，蓝2股　④ 蓝3股

大身58朵+袖8朵（大花）

大身52朵+袖6朵（小花）

大身13朵+袖8朵（小半花）

大身4朵　　（1/4小花）

袖子花形图

袖长：21cm

袖口：15cm

后　　　　　前

←→
→

花蕊：起头六针辫

　　　三针起立针

① 第一圈：16针长针

　　　四针起立针

　　第二圈：一针长针一针辫×16次

② 第三圈：参照图纸每格三针长针×16次

③ 第四圈：三针长针 、钩四针辫×16次

　　　（一只枣子针）

④ 第五圈：每格六针辫，参照拼花图，连续拼接法

大花

起头六针辫

① 第一圈：16针长针

② 第二圈：两针长针 、钩四针辫×8次

　　　（一只枣子针）

小花

小半花　　　1/4小花

大、小花形拼接图

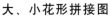

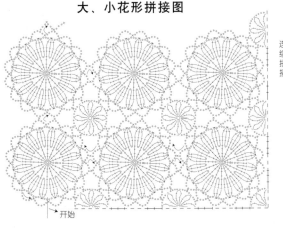

连续拼接

→开始

前、后领中心

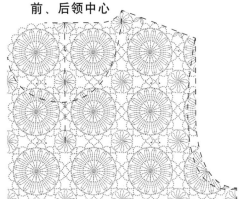

11

5 蓝印花短袖套衫

素净的颜色,舒适的材质
简单的款式,简约的风格
体会简单中的流行元素
让大家慢慢爱上
这款具有中国元素的钩针服饰
此款服装
采用蓝白两色进行设计
强调花形的立体感
突显中国蓝印花布的素雅之美

编织方法:第11页

6 六彩圆领短袖套衫

春天的着装

要用颜色来取胜

五彩的花朵与棕红色的搭配

更显热情与活泼

镂空的花纹

带来通透效果的美感

简单的花纹

因好看的颜色

变得别致

受到女性的青睐

编织方法：第14页

NO.6 六彩圆领短袖套衫（编织方法）

用料：$20^{5}_{2 \times 2}$　重量：300g　　　　　　　按自己喜欢

配色：主色 120g　A、B、C、D、E各色36g　加损耗　颜色可自由搭配

花形排列图和成衣规格

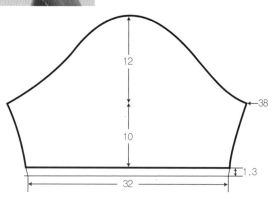

前、后领、花形排立图

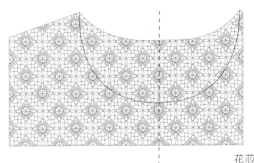

袖隆、肩斜花形排立图

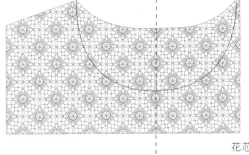

花芯5针辫5
针起立针
1针长针2针
辫×7次

花形结构拼接图

袖子花形排立图

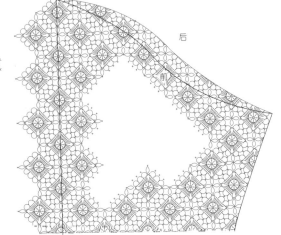

NO.7 菱形方花套衫（编织方法）

用料：植物丝　　**重量：**190g

花形编织拼接图（实样图）

花心8针辫，16针短针

3针长针枣子针，5针辫×8次

每格8针长针（7+1）

一周64针长针

花形编织工艺

1. 花心8针辫，16针短针。

2. 3针起立针；先钩2针长针枣子针，5针辫；再3针长针枣子针5针辫，共8次；结束钩一针长针，把3针起立针包掉※。

3. 3针起立针，每格8针长针（7+1）一周64针长针。第64针与起立针锁合，再向前叠两针。

4. 5针辫隔3针短针，第4针扣一次短针×16次，钩第16根辫时，先钩2~3针辫，然后用一长针组合成5针辫长度（参照实样图）。

5. （钩5针辫，两针长针，3针辫，2针长针，5针辫）为一组角，中间2格钩6针辫×4次，接下，每行参照图纸渐放。

花形排列图

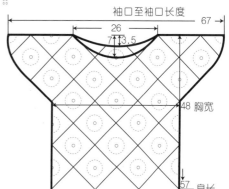

袖口至袖口长度
67
26
7 3.5
48 胸宽
57 身长

后片

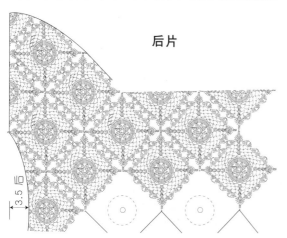

3.5 后

前片

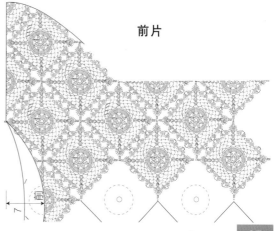

前
7

7 菱形方花套衫

象征素雅、纯洁的白色
是许多人在夏季首选的色彩
明亮的白色
有助于提高服装的整体亮度
让你轻松度过炎炎夏日
正方形套圆形的钩花图案
和图案竖着依次链接的效果
为服装平添立体感
肩部用花形链接组合
自然垂下
时尚飘逸
波浪形下摆
突出服装的层次感

编织方法：第15页

8 樱桃圆领开衫

淡雅的米色

能营造温柔气氛

同色系编织的米色短袖衫

款式简洁大方

密针编织的樱桃

显得俏皮、可爱

领口、袖口与下摆的镶色钩边

使这款服装更有层次感

编织方法：第18页

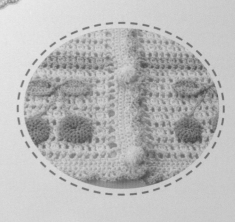

NO.8 樱桃圆领开衫（编织方法）

用料：18⁵⁄₂×3棉线　　重量：400g，其中配色：70g

工具：钩针一枚　　袖子：做短袖、做中袖（可自己选择）

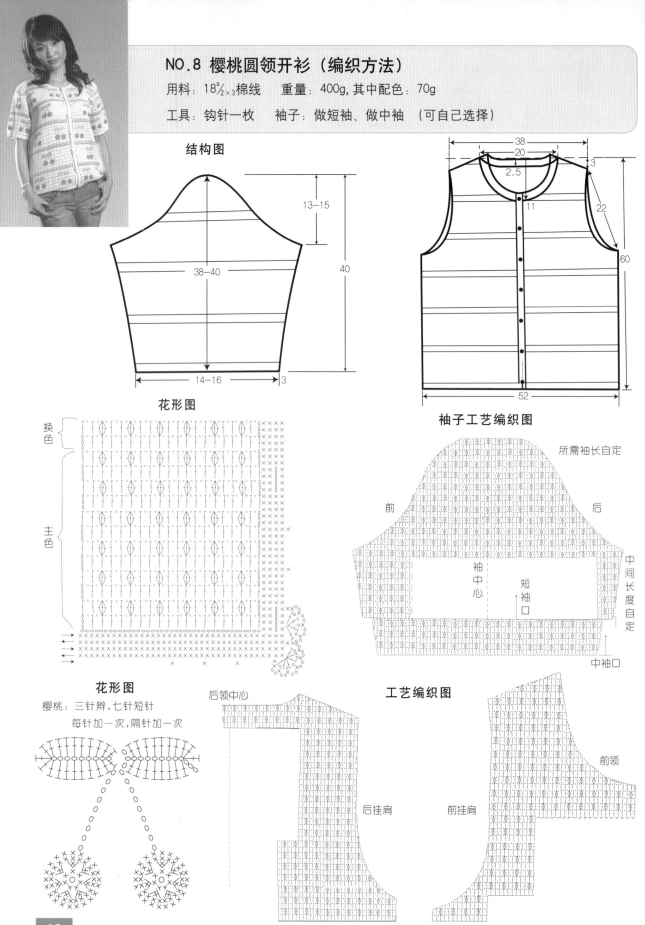

结构图

13－15

40

38－40

14－16　3

38
20
2.5
11
3
22
60
52

花形图

换色

主色

花形图

樱桃：三针辫，七针短针

每针加一次，隔针加一次

袖子工艺编织图

所需袖长自定

前　　后

中间长度自定

袖中心

短袖口

中袖口

工艺编织图

后领中心

后挂肩

前领

前挂肩

18

NO.9 圆角披肩衫（编织方法）

用料：$20\frac{5}{2}{\times}2$ 丝光烧毛、精梳棉　　重量：220g

成衣各部位的尺寸：按1：4制图　　单位：cm

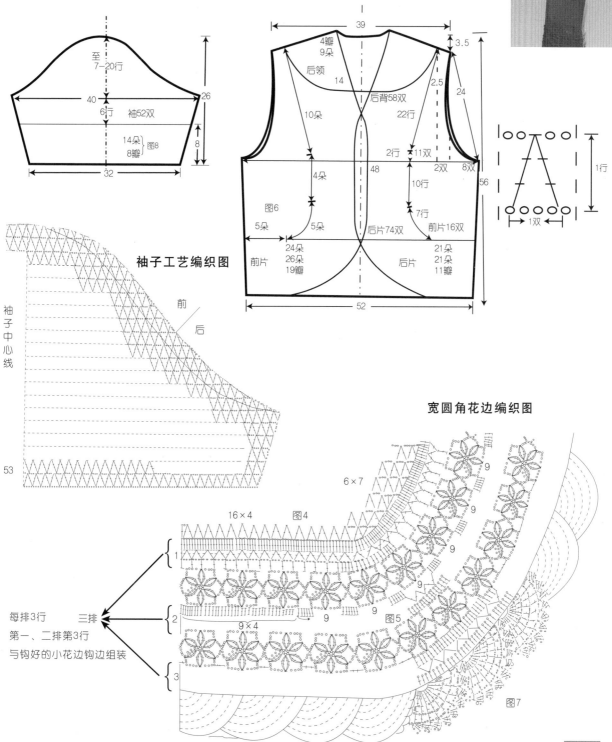

袖子工艺编织图

宽圆角花边编织图

每排3行

第一、二排第3行
与钩好的小花边钩边组装

编织方法未完，接22页

9 圆角披肩衫

简洁的Ｖ形花纹

平整有序

端庄雅致

经典款式

需留意细节

披肩中圆角的波浪形花纹

让人想起春风中

飞舞的樱花

边缘和袖口

显得很华美

特别的设计

让整体呈现出别致的风情

编织方法：第19、22页

10 "满天星" 马夹

新颖的款式

使黑色也变得不再沉闷、压抑

水晶珠编织花纹的加入

使人想到满天的繁星

增加了立体效果

袖子的镂空花纹

使服装更具朦胧感

袖口与下摆处的设计

是整套服装的亮点

高雅珠子点缀的领花

更是显示了奢华感

编织方法：第23页

NO.9 圆角披肩衫（编织方法）

用料：20⁵/₂×₂丝光烧毛、精梳棉　　重量：220g

成衣各部位的尺寸：按1：4制图　　单位：cm

编织方法续接19页

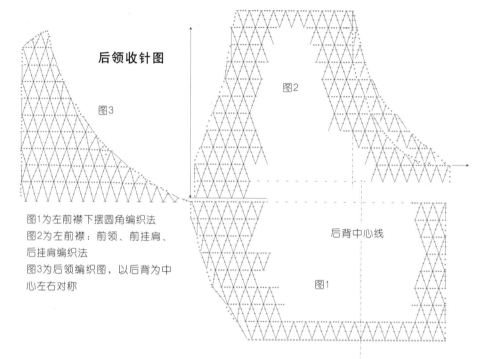

后领收针图

图3

图2

图1

后背中心线

图1为左前襟下摆圆角编织法
图2为左前襟：前领、前挂肩、
后挂肩编织法
图3为后领编织图，以后背为中
心左右对称

编织顺序

一、后背——钩302针辫，排74双花形，不收放钩至17行，收挂肩，两边
　　各收8双（参照图2），还留58双向上钩5行后（参照图3）向上对称
　　完成后领，肩部分。

二、前片——钩70针辫排16双花形（参照图1）放圆角，7行放完成，向
　　上钩10行不收放，再（参照图2）钩完前片。

三、把前、后片组合成衣。

四、钩宽边，是整件衣服的关键，从衣服左下摆合缝开始钩衣边（参照图4
　　排列），排一行长针，第二行反钩一行三角针，钩好二行停止，用另
　　外线先钩二排花（参照图5）第一排83朵。第二排82朵，然后按图6
　　指示，进行花朵分隔、固定，再用第三行长针与第一排83朵花组装。
　　用同样三排方式同第二排花组装，第三次用同样的三排钩完后，（参
　　照图7）编织针法和（参照图6）指示要求完成整件外边。

五、袖子——钩230针辫钩，排52双，向上参照袖子图钩6行，第7至20行，
　　两边各按图操作，袖边按后背花形（参照图8）指示排立，只钩一排
　　小花，袖口8只花瓣。

六、大身与袖子组装。

右前襟各部位收放图

图2

与
上
面
连
接

图1
7行

NO.10 "满天星"马夹（编织方法）

用料：$20\frac{s}{2}{\times}2$丝光、烧毛、精梳棉200g　按1：4尺寸制图

重量：355g　工具：钩针一枚　珠子：150g左右

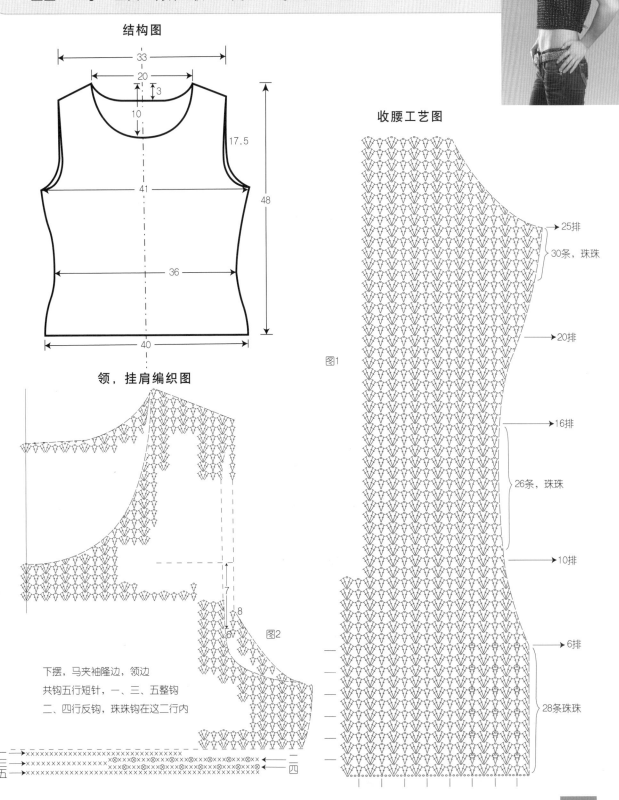

结构图

领，挂肩编织图

收腰工艺图

图1

图2

下摆，马夹袖隆边，领边

共钩五行短针，一、三、五整钩

二、四行反钩，珠珠钩在这二行内

25排

30条，珠珠

20排

16排

26条，珠珠

10排

6排

28条珠珠

11 "满天星" 少女装

编织方法：第26页

12 "满天星" 领花

编织方法：第27页

13 "满天星" 中袖套衫成年装

编织方法：第28页

NO.11 "满天星"少女装（编织方法）

用料：$20^{s}_{2 \times 2}$丝光、烧毛、精梳棉200g　　按1：4尺寸制图

重量：355g　　工具：钩针一枚　　珠子：150g左右

结构图

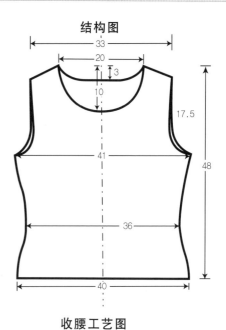

少女装，袖子花形图
工艺编织图

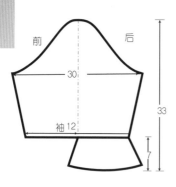

后　　　　　前

图3

袖口下

袖口花形

串带孔

收腰工艺图

25排
30条，珠珠

20排

16排

26条，珠珠

图1

10排

6排

28条珠珠

领，挂肩编织图

图2

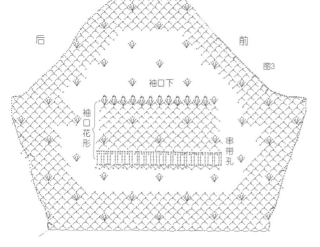

弓夹

下摆，弓夹袖隆边，领边
共钩五行短针，一、三、五整钩
二、四行反钩，珠珠钩在这二行内

NO.12 "满天星"领花（编织方法）

用料：20$^5_2$×2丝光、烧毛、精梳棉200多g　按1：4尺寸制图

重量：355g　工具：钩针一枚　珠子：150g左右

领花编织图

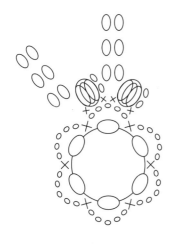

领花编织图图解

一、　先起头，后放一粒珠子钩一针辫，6次，圆芯。

二、　钩五针辫，在两粒珠中间空隙扣一短针，6次。

三、　一针短针一针辫，再钩五绕泡泡针。一下锁掉，向前
　　　扣一短针，然后放进六粒珠子，钩一针辫，向前钩一
　　　短针，一针辫，每五针辫内做2次，共12次。

四、　4针辫，在6粒珠珠中间钩一针短针×12次。

五、　花瓣，按图操作，一个领花共6朵花，两边钩3行短针，
　　　装封节口用。

NO.13 "满天星"中袖套衫成年装（编织方法）

用料：20$\frac{s}{2}$×2精梳棉 300g左右　珠子：230g左右

重量：525g　工具：钩针一枚　单位：cm

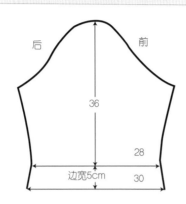

后　前

36

28

边宽5cm　30

结构图

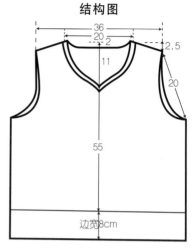

36
20　2
11　2.5
20
55
边宽8cm

袖子花形工艺编织图

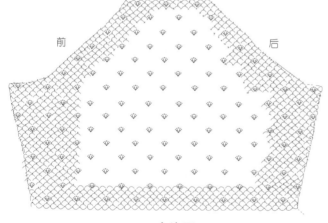

前　后

后背、后领编织图

中心

宽边图

大身钩边从此行开始

反　正　反　正　反

正　反

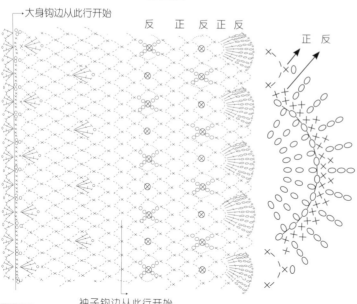

袖子钩边从此行开始

前领、挂肩、肩工艺编织图

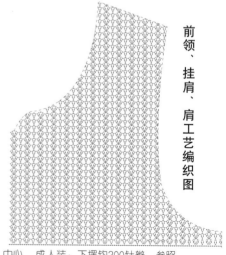

中心　成人装：下摆钩200针辫，参照
图纸，排32条▽花形

NO.14 大圆领短袖套衫（编织方法）

用料：植物丝　重量：250g　钩针：2～3#

NO.15 多用裙（编织方法）

用料：适宜丝质原料　尺寸：按照所需规格排花 1.腰围 2.长度

起头：每条花七针辫×60条　花形：三绕四次拉，长针

袖子工艺图

12格

前　　　后

此图只有24格，
按①—④要求钩袖山留12格

肩、前领、挂肩工艺图

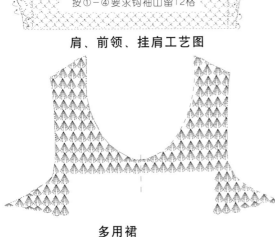

袖子编织

① 起头190针辫——30格，每格6针辫。

② 第5行开始左、右放针（参照图纸）。

③ 第11行开始收挂肩（参照图纸）。

④ 袖口——每格4针短针一行，然后按17
条花排列7针/条，钩3排大身花形结束。

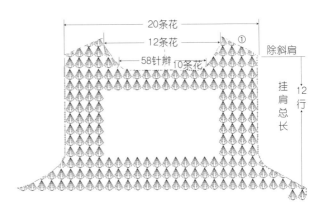

20条花

12条花

58针辫 10条花

① 除斜肩

挂肩总长

12行

多用裙

2.腰　　　1.花形

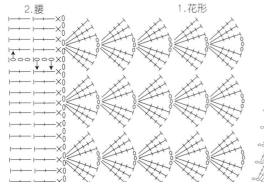

裙下摆花形

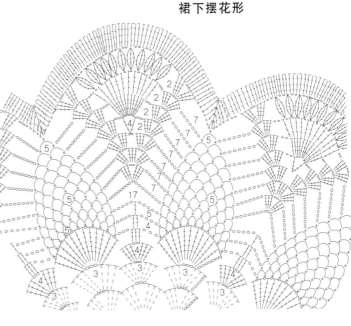

NO.16 三色V领圆花中袖开衫（编织方法）

用料：$20^s_{2\times2}$丝光棉　单位：cm　工具：钩针一枚

重量：300g　主色：180g　配色A：60g　配色B：60g

花朵图

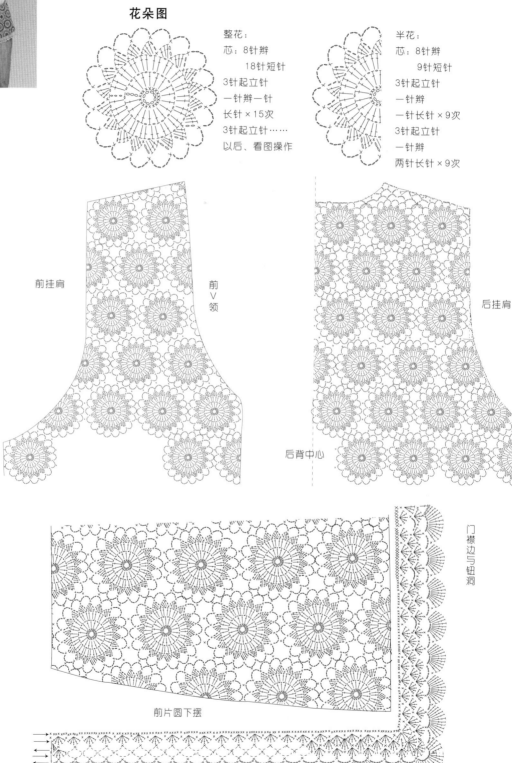

整花：
芯：8针辫
　　18针短针
3针起立针
一针辫一针
长针×15次
3针起立针……
以后、看图操作

半花：
芯：8针辫
　　9针短针
3针起立针
一针辫
一针长针×9次
3针起立针
一针辫
两针长针×9次

前挂肩

前V领

后挂肩

后背中心

门襟边与钮洞

前片圆下摆

NO.16 三色V领圆花中袖开衫（编织方法）

用料：$20^{5}_{2}×_{2}$丝光棉　单位：cm　工具：钩针一枚

重量：300g　主色：180g　配色A：60g　配色B：60g

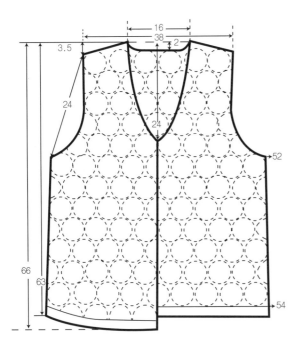

花形排列图

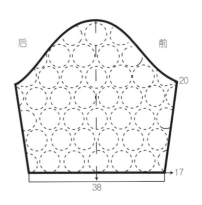

围巾：按此花稿，原料用毛与丝线搭配，组合自己所需要的长度与宽度。两端装上排须，必须用丝线。

袖子花形拼接图

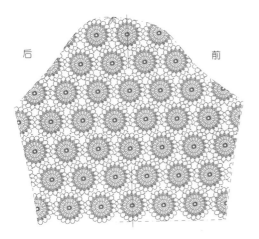

花形拼接图

14 大圆领短袖套衫

15 多用裙

这套黑色的编织服装
属于春夏装系列
款式简洁大方
最大的看点
使下摆、裙摆处的镂空花纹
与一裙多穿的功能
使爱美的你有不断的惊喜
配上细腰带设计
和水晶坠饰
增添时尚韵味

编织方法：第29页

16 三色V领圆花中袖开衫

这一系列款式的花纹

富有瓷器的古韵

优雅高贵

短袖套衫领口的圆花环形设计

呈现出女性化的温柔表情

雅致的色彩

搭配V领开衫给人成熟感

披巾花纹独特

丝线镶边

点缀时尚魅力

酝酿出比瓷器更迷人的韵味

编织方法：第30、31页

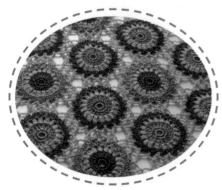

NO.17 三色长披巾（编织方法）

用料：32⅝丝光毛，细支丝线　　工具：钩针1#

重量：280g，其中，丝光毛60g　　配色：丝线深色80g，配色丝线浅色140g

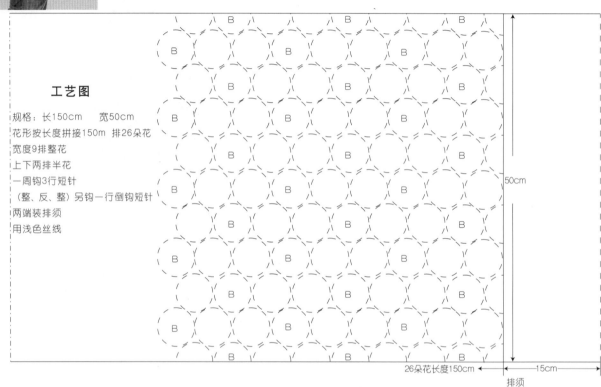

工艺图

规格：长150cm　宽50cm

花形按长度拼接150m 排26朵花

宽度9排整花

上下两排半花

一周钩3行短针

（整、反、整）另钩一行倒钩短针

两端装排须

用浅色丝线

50cm

26朵花长度150cm

15cm

排须

领口花边

成衣下摆袖口花边

前、后片各10朵花瓣
袖口7朵花瓣

袖子工艺编织图

后

前

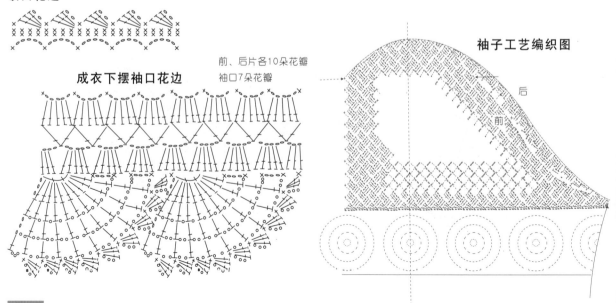

NO.18 三色组合圆花短袖套衫 （编织方法）

用料：丝线，20⁵/₂×₂棉线　工具：钩针一枚

重量：300g　主色：丝线260g　配色A：棉线20g　B：棉线20g

结构图

此款由二种花形组成

1. 大身二针斜方块
2. 花形　领：前7朵、后5朵

　　　　下摆：32朵

　　　　袖口：12朵

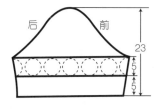

收腰部位工艺编织图

大身花形　二针斜方块

前

前、后、领部工艺编织图

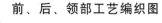

后挂肩

17 三色长披巾

编织方法：第34页

18 三色组合圆花
短袖套衫

编织方法：第35页

NO.19 大小花V领中袖开衫 （编织方法）

用料：20$\frac{s}{2}$×2丝光棉　　重量：400g　　用针：1～2#钩针

规格：身长后片67cm　前片71cm　肩宽39cm　胸宽54cm　领宽内×内18cm

挂肩26cm　领深　前领深25cm　后领深2cm　肩斜3.5cm　臀围宽56cm　边宽2.5cm

小花：花芯8针辫

一、三针起立针，24针长针。

二、三针辫，一针短针×11次，第12次钩一针辫，用一针中长针连接。

三、按图在三针网格中先钩四针长针，钩三针辫，与第四针长针套接后钩第五针，然后再钩四针长针，一针短针，四针辫，一针短针，四次结束。此花在拼接时，为被拼花。

大花：花芯8针辫

一、三针起立针，24针长针，包合无缝。

二、三针起立针，一针辫，一针长针×24次。

三、一针起立针后，按图向前至第六针短针，钩五针辫，向倒叠至第一针，一针辫，一针短针，一针中长针，三针长针，三针辫，与第三针套接后钩第四针长针，然后钩三针长针，一针中长针，一针短针×8次。

四、向前叠针至花瓣中心，三针辫小孔内。三针起立针，在小孔内针8针长针，三针辫，九针长针，钩至结束。断线外圈是整体大、小花拼接。

适合略为丰满的身材

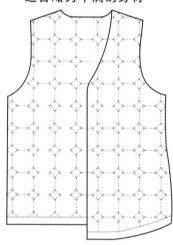

前V领

挂肩

大小花形拼接图

按此方法拼接成自己所需的款式和规格

NO.19 大小花V领中袖开衫 （编织方法）

用料：20$^6_2$$_{×2}$丝光棉　　重量：400g　　用针：1～2#钩针

规格：身长后片67cm　前片71cm　肩宽39cm　胸宽54cm　领宽内×内18cm

挂肩26cm　领深　前领深25cm　后领深2cm　肩斜3.5cm　臀围宽56cm　边宽2.5cm

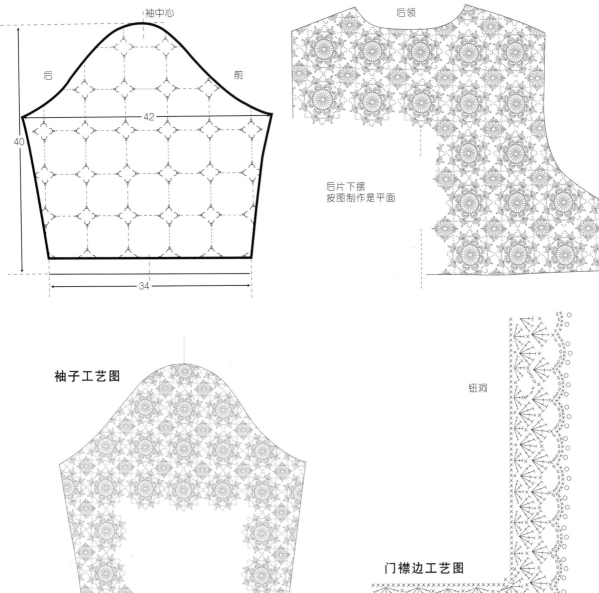

袖中心

后　　　前

42

40

34

后领

后片下摆
按图制作是平面

袖子工艺图

钮洞

门襟边工艺图

19 大小花V领中袖开衫

大小两种编织纹样的组合很新鲜
这款看似简单的拼接花纹
却制造出令人惊艳的魅力
编织方法：第38、39页

20 大小花翻领短袖开衫

休闲的翻领
镂空的编织技巧
形成简约风格的款式
打造出活泼飒爽的英姿

编织方法：第42、43页

NO.20 大小花翻领短袖开衫 （编织方法）

用料：$20^s_{2 \times 2}$丝光棉　　重量：230g　　用针：1～2#钩针　　单位：cm

规格：身长50cm　　肩宽38.5cm　　胸宽48cm　　下摆宽42cm　　挂肩21.5cm

领宽13.6cm　　领深　　前领深12cm　　后领深1.5cm

各部位尺寸花形排列图

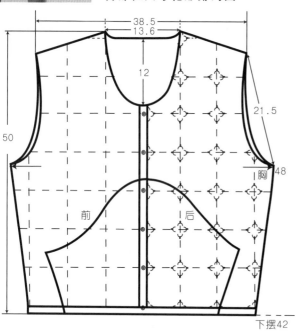

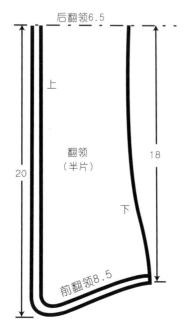

前领

NO.20 大小花翻领短袖开衫 （编织方法）

用料: 20½×2丝光棉   重量: 230g   用针: 1～2#钩针   单位: cm

规格: 身长50cm   肩宽38.5cm   胸宽48cm   下摆宽42cm   挂肩21.5cm

领宽13.6cm   领深   前领深12cm   后领深1.5cm

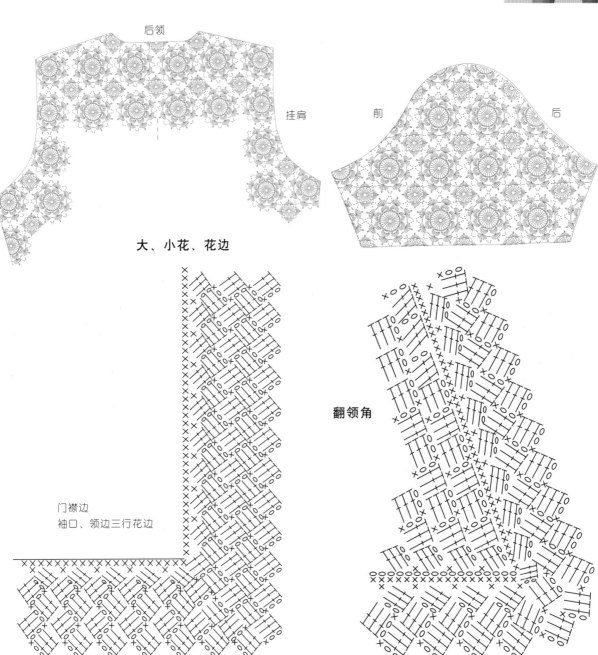

后领

挂肩   前   后

大、小花、花边

翻领角

门襟边
袖口、领边三行花边

21 大小花马夹

编织方法：第46页

22 大三角披肩

复杂的镂空图案

给人奢华的感觉

一个个立体的花朵

做工精细、逼真

让人爱不释手

大大的披肩

可以有很多种穿着方式

根据自己的喜好变换花样

拥有它

能让你引领潮流

编织方法：第47页

NO.21 大小花马夹 （编织方法）

用料：20$\frac{S}{2}$×2丝光棉　　重量：140g　　用针：1～2#钩针

规格：身长50cm　　肩宽30cm　　胸宽41cm　　腰宽34cm　　臀围宽40cm

挂肩18cm　　领宽23cm　　领深　　前领深6.5cm　　后领深10cm

结构图

编织图

前领

挂肩

NO.22 大三角披肩 （编织方法）

用料：植物丝　　重量：140g

规格：长170cm　宽56cm

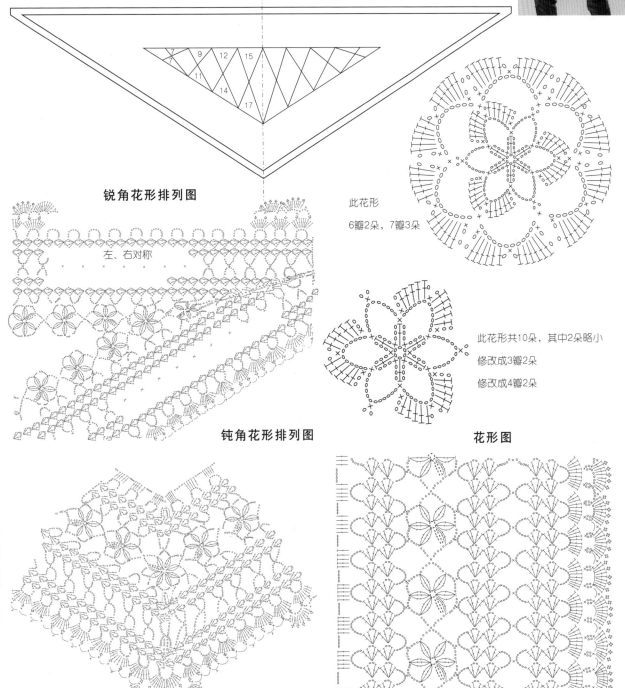

锐角花形排列图

左、右对称

钝角花形排列图

此花形

6瓣2朵，7瓣3朵

此花形共10朵，其中2朵略小

修改成3瓣2朵

修改成4瓣2朵

花形图

开始2　　开始1

23 长披巾

编织方法：第50页

秋冬系列三十八款

绝对时尚、独特的款式与组合
细节的装饰与变化
给这个冷秋和寒冬中
带来一抹暖洋洋的气息

NO.23 长披巾 （编织方法）

用料：细线　　重量：230g　　工具：钩针2#一枚

规格：长度150cm　　宽度55cm

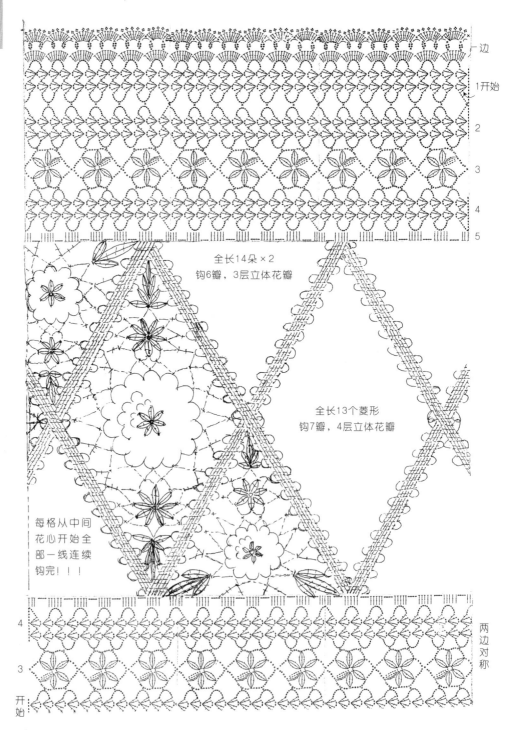

全长14朵×2
钩6瓣，3层立体花瓣

全长13个菱形
钩7瓣，4层立体花瓣

每格从中间
花心开始全
部一线连续
钩完！！！

边
1开始
2
3
4
5

4
3
开始

两边对称

NO.1 大麻花围巾 （编织方法）

用料：5.5s～6s马海毛二股进线

重量：100g左右　　用针：2#/7mm老式起头38针

编织图

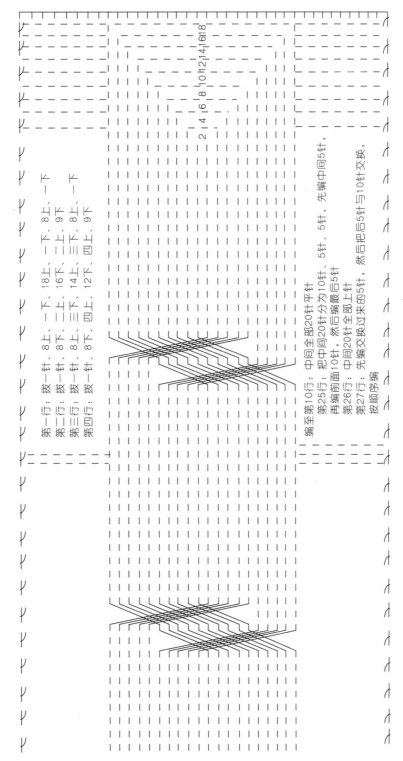

第一行：拨一针、8上、18上、一下。
第二行：拨一针、8下、16下、二上、一上。
第三行：拨一针、8上、14上、三下、8上、一下。
第四行：拨一针、8下、12下、四上、9下。

编至第10行：中间全部20针平针。
第25行：把中间20针分为10针、5针、5针。先编中间5针，再编前面10针，然后编最后5针。
第26行：中间20针全部上针。
第27行：先编交换过来的5针，然后把后5针与10针交换，按顺序编

51

1 大麻花围巾

初冬时节

气候逐渐转凉

一款既保暖又时尚的围巾

是你的最佳选择

这款围巾

选用质地柔软的马海毛编织

在平针的基础上

用一条大麻花编织

在整条围巾的中间

视觉上更富有立体感

编织方法：第51页

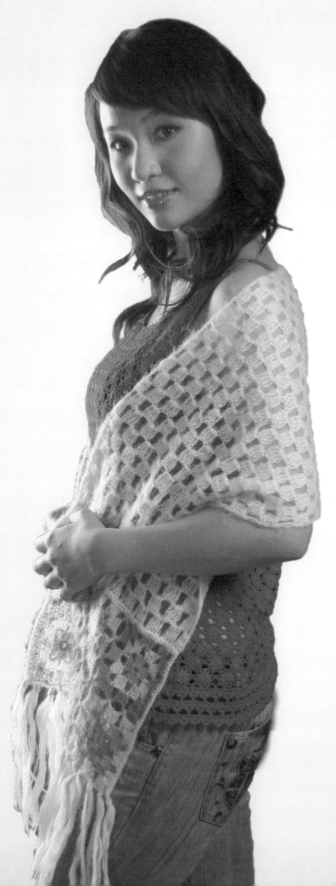

2 方格花围巾

小方格编织花形
与大方格的套色连钩花形的组合
使整条围巾
在平淡中透出些活泼与可爱
围巾下摆处的长排须
更增添了动感

编织方法：第54页

NO.2 方格花围巾 （编织方法）

用料：6s马海单股进线

重量：100g左右　　用针：4#

编织图

围巾中间起68针辫，按图纸花形排花，两端各6朵花（钩花参照图纸花形）。最后用
短针组装，围巾两端扣排须。

NO.3 多功能佩饰（七种变化的围巾与帽子） （编织方法）

用料: 6s马海毛单股进线

重量: 100g左右　　用针: 4～5#钩针

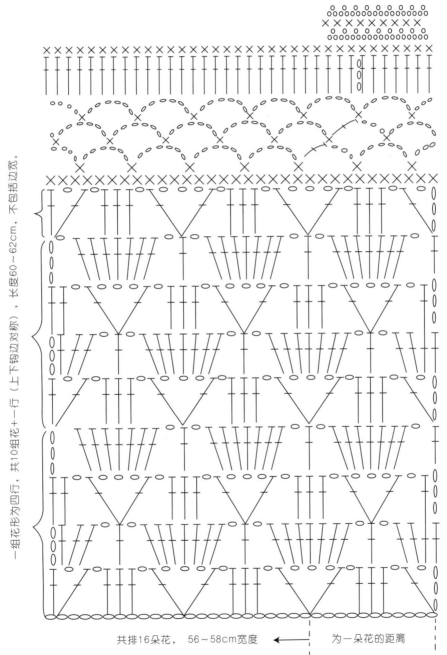

一组花形为四行，共10组花＋一行（上下钩边对称），长度60～62cm，不包括边宽。

共排16朵花，56～58cm宽度　←　为一朵花的距离

55

3 多功能佩饰

（七种变化的围巾与帽子）

可别小看了这件用多余的

马海毛编织的小围巾和帽子

它的多种用途

能使你有不断的惊喜

无论是搭配运动系列

还是淑女类的服饰

它都会有意想不到的效果

编织方法：第55页

4 多功能佩饰

（七种变化的围巾与服饰）

一件衣服有7种不同穿法，当你第一眼看到这个标题时，是否充满了疑问，让我们进行详细的解说吧。

穿法1，中袖衫：将衣服变换成一件中袖衫，V领+珍珠扣为整件衣服添加几分时尚之感。

穿法2，无袖衫：两侧由珍珠扣子缝合，腰间有腰带具有收身的效果，下摆由钩花拼接而成。

穿法3，斜肩无袖衫：袖口两边配以珍珠扣，右侧衣摆自然垂下，漂亮中露着俏皮。

穿法4，套头披肩：这是一款装饰性极强的服饰，前襟处有小花点缀，给人休闲的感觉。

穿法5，普通披肩：马海毛编织的披肩柔软、保暖，随意的披在肩上都能体现出它的典雅。前襟的斜行花纹，增加衣服的机理感。

穿法6，韩版短衫：这是一款今年非常盛行的韩版短衫，袖子的缝合没有沿用常规设计而采用珍珠扣，袖摆的钩花给简单的款式增添亮点。

穿法7，长袖衫：最后一个款式是一件深受追求时尚年轻女性喜爱的长袖衫，领口不对称的珍珠设计别具一格，袖口的流苏惹人喜爱，衣服的后面一样十分有看头。

编织方法：第58页

NO.4 多功能佩饰（七种变化的围巾与服饰）　（编织方法）

用料：5.5s马海毛（白色100g、红色20g、中米色18g）

丝线　　白色55g　　成品尺寸：衣长136cm　衣宽50cm

上图：起头钩一行辫（钩针粗一号）大约124针左右。排方块从第四针辫开始钩3针长针
（二针辫、四针长针为一块），第一排20格方块，反复钩（参照自己所需的规格、
做小样品、测算横、直密、排花块）。

下图：方花——花心6针辫，外围用三种不同颜色，钩三圈长针方块。第一圈需钩3针起
立针，结束用一针中长针断线。第二圈、第三圈因不同颜色，开始时不需要起立
针，直接长针开始，花型有整体感。围巾每端有两排花，每排五朵。

花与大身各做好后，用短针、套针拼接连接。最后钉珠子、钮扣、腰带。

编织图

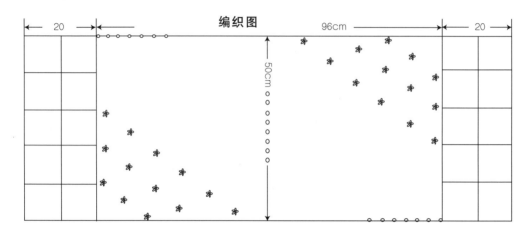

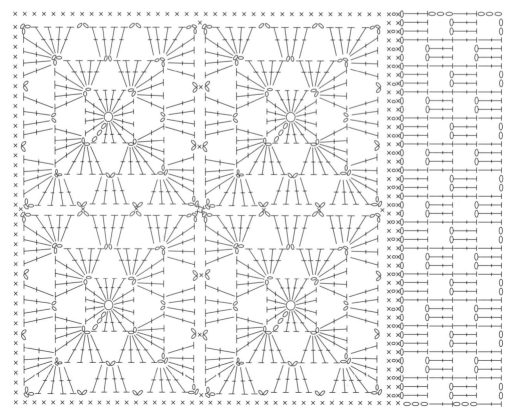

NO.5 双层边大三角披肩 （编织方法）

用料：主色36½澳毛 150g   配色5.5s马海毛：深色25g   浅色52g

玻璃小珠珠：108g   工具：钩针一枚

编织工艺

整花：

一、先钩8针辫圈成花心，1针起立针，12针短针，包合无缝。

二、锁一针辫，拉长，绕一次在同一针短针针孔内向上拉一次，反复5次，一下子拉出锁紧，钩3针辫×12次，
　　合缝，一朵花结束（钩A花：白色61朵；B花：三色30朵）（图1）。

半花：

一、钩8针辫圈成花心，1针起立针，6针短针，过度半只空花心。

二、钩5针辫，同整花泡泡针操作×6次，再钩一针辫，向下第6针短针处，钩一针长针，半花结束。半花共14朵，全部白色（图2）。
　　接下来参照拼接图稿（图3），此款运用了两圈连钩法，先钩花瓣（参照图纸），然后再钩10针辫子连接（参照花形排列图）。
　　花形拼接完成后，开始钩边。第一层，只钩大披肩两斜面，从锐角——钝角——锐角（参照图纸）（图4），第一层完成。第二层，
　　仍从两斜面开始，第一层底下先钩5行10针辫，三只角每行需加一根辫（图5），然后用第一层相同花形完成三面钩边（图6）。

花与花之间拼接法

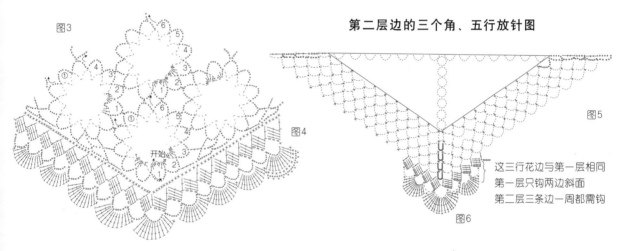

第二层边的三个角、五行放针图

图3
图4
图5
图6

这三行花边与第一层相同
第一层只钩两边斜面
第二层三条边一周都需钩

花形排列图

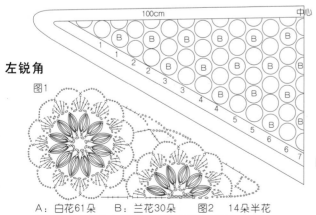

左锐角

100cm   中心

图1   图2

右锐角

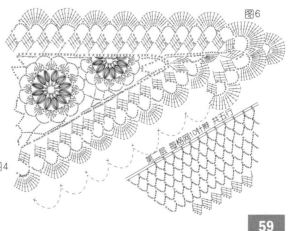

图6
图4

A：白花61朵   B：兰花30朵   图2   14朵半花
图1、图2，只钩内部，外二圈是二圈连钩法

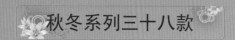
5 双层边大三角披肩

来自于雏菊的灵感

编织而成的大三角披肩

饱满的花形与纤细的镂空纹样的组合

产生疏密有致的感觉

披肩四周双层扣边上

点缀的水晶珠子

犹如清晨的露水

增添了一份妩媚与细致

编织方法：第59页

6 七宝针大披肩

蓬松的马海毛
编织出柔软的披肩
七宝针与小梅花的组合
使披肩更具动感
高雅的珠子
同色的丝线钩边
闪耀的自然光泽
让披肩更为优雅与别致

编织方法：第62页

NO.6 七宝针大披肩 （编织方法）

用料：马海毛160g左右，丝线100多g　　**玻璃珠**：150粒

长度：180cm　　**宽度**：50cm

 七宝针

① 先将一个辫子圈拉长。

② 再钩1针辫子。

③ 然后将刚刚形成辫子的一股线挑起，钩出1针。

④ 2针并1针。再把并钩后的一个辫子圈拉长，反复钩织。

⑤ 第2行在第1行的第二个辫子连接处套钩。

⑥ 形成一串串七宝针。

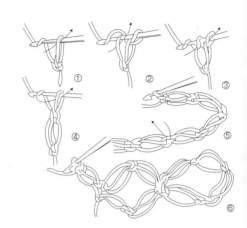

披肩花形图

共有两种花形：

（一）圆花：整花138朵，半花12朵

（二）七宝针花形：四条8行，中间112行

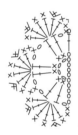

整花：
钩8针辫圈花芯，1针起立针，钩12针短针锁合，3针起立针，一针长针，2针辫2针长针×5次，包合、无缝（用丝线钩），用马海毛在两针辫上钩短针，在第二针长针针孔内钩6针花瓣×6次。

外圈用丝线连续拼接，钩1行短针把花朵连接（参照图纸）。

马海毛披肩制作结构图

中间112行七宝针，披肩两端对称。

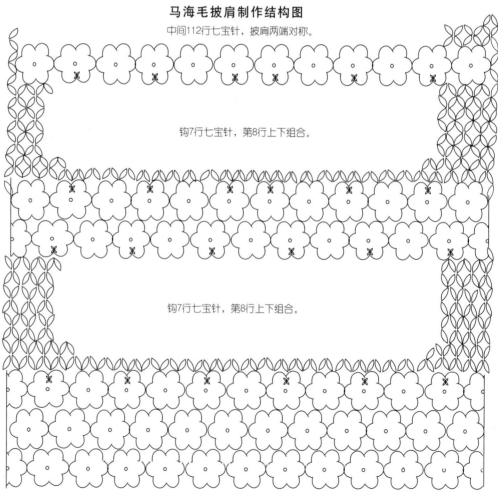

钩7行七宝针，第8行上下组合。

钩7行七宝针，第8行上下组合。

NO.7 方格大圆角披肩衫 （编织方法）

用料：马海毛，丝线　　工具：钩针一枚

重量：240g　　其中　马海毛165g　丝线75g

编织工艺

　　先钩120针辫，从第4、5、6针辫孔内各钩1针长针、钩2针辫、空2针、按序钩4针长针，再钩2针辫、空2针、钩4针长针，以此类推，排18个方块。第二行，三针起立针、钩2针辫、4针长针（第1、4针长钩在第一行方块的4、1针孔内，3、4长针钩在2针辫空格内）二针辫。以此反复钩7行，第8行开始两边放针（向上18行各边放5格方块），宽度为28格方块——钩4行，再把28格对称组装6格，留下16格，钩一圈收成14格断线。再从另一端开始钩（第一行方块为中心）因以18格钩6行。向上对称钩至结束。

　　钩边——袖口：在每2针辫内钩3针长针、2针辫、3针长针，为一组。共钩14组，正、反钩，第2行反，用丝线钩，3、4、5行马海毛钩，第6行反丝线钩（每组加2针长针）。第7行马海毛钩一组6针长针，一组8针长针，隔组放。第8行马海，每组8针长针。第9行，一组上面钩5针短针，另一组在2针辫内钩11针长针，共钩7只大花瓣。第10行用丝线在每只大花瓣上钩5只长脚4针斜方块，至结束，为喇叭袖口，另一只也对称钩完成。

　　钩边——整身外围：花形、行、次全部同袖口，只是第一行排列很关键。要把起头两端中心，袖口组装两端中心，四点抓住。各按一组。在袖口组装两边各4行，各排3组，放针18行上面各排13组，大身中心两边各6行上排4组，这样既规范，一周的边又均匀，第一行排均匀了，就顺利钩结束。

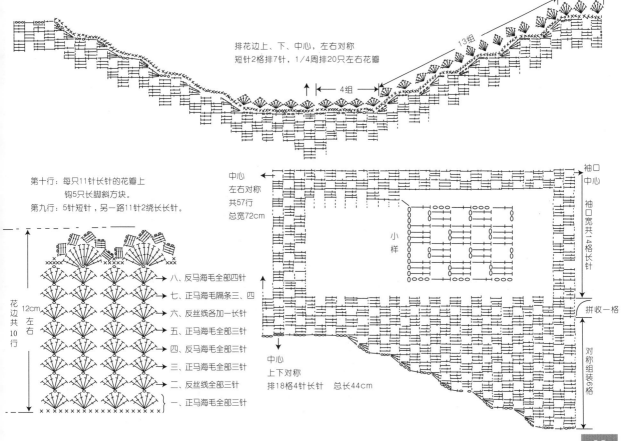

排花边上、下、中心，左右对称
短针2格排7针，1/4周排20只左右花瓣

← 13组 →

← 3组 →

↑ ← 4组 →

第十行：每只11针长针的花瓣上
钩5只长脚斜方块。
第九行：5针短针，另一路11针2绕长长针。

中心
左右对称
共57行
总宽72cm

袖口
中心

小样

袖口宽共14格长针

拼收一格

对称组装6格

中心
上下对称
排18格4针长针　总长44cm

八、反马海毛全部四针
七、正马海毛隔条三、四
六、反丝线各加一长针
五、正马海毛全部三针
四、正马海毛全部三针
三、正马海毛全部三针
二、反丝线全部三针
一、正马海毛全部三针

花边共10行

12cm
左右

7 方格大圆角披肩衫

看似平淡的方格编织花形

通过款式的设计和变化

俨然成为一款时尚的大圆角披肩

披肩四周的同类色丝线钩边

更使整件服饰展现出时尚

和精致的效果

编织方法：第63页

8 桔色大圆角披肩

在简单的大麦花形基础上
采用加针的方法
产生了从领口开始
由大到小的渐变效果
领口弧形的设计
简约而美丽
配以同色的胎羊毛
增添一份异域风情

编织方法：第66页

大圆披肩

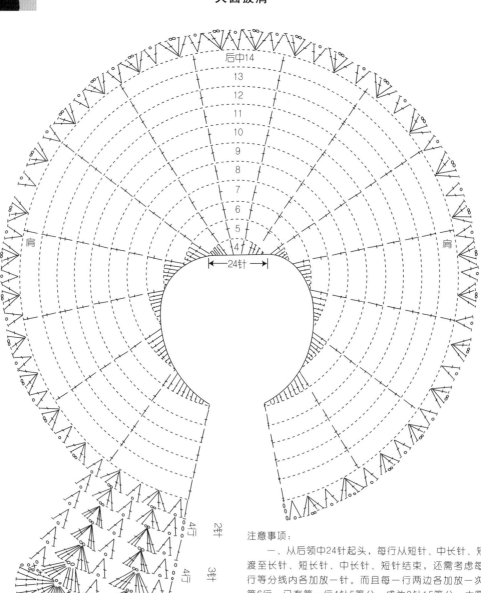

注意事项：

一、从后领中24针起头，每行从短针、中长针、短长针、长针过渡至长针、短长针、中长针、短针结束，还需考虑每行等分线，每行等分线内各加放一针。而且每一行两边各加放一次等分线。加至第6行，已有第一行4针5等分，成为9针15等分，大圆披肩前后领弧度也自然产生。

二、制作时必须注意，长针略长，横密较密，反之，会波浪叠起，不成型。

三、15等分向上钩至11行（14针15等分）时，按图要求一周排双长针30对，再按数字要求，钩完成。衣襟、领边，一行短针一行倒钩短针，领围装上小羊胎毛，封节扣即可，或钩一只翻领，领围钩一根带子即可成为翻领披巾。

NO.9 菠萝花转角披肩 （编织方法）

用料：6s马海毛　　单股进线

重量：220g　　其中：马海毛150g左右　　珠子70g左右、475粒

上8行编织文字说明

起头：钩78针辫。

第一行：在第四、五、六针辫内各钩1针长针，钩两针辫，在起头辫上空三针后，在同一孔内钩长针（见图：两虚线间为一只，钩七只）。

第二行：钩五针辫，在第三针处钩长针，尾部钩一针三绕长长针，然后在长针内完成花形。

第三行：钩六针辫后，同第二行花形钩，结束时钩三针辫后钩一长针。

第四行：钩三针辫，在下面第一行长针上钩两针长针后，同第三行花形。

第五行：钩五针辫，在第三针辫上钩两针长针后，尾端同第二行，先钩一针三绕长长针，再按图完成花形。

第六行：钩五针辫，三针长针，花形同下。

第七行：钩三针辫，花形同下，按图纸制作。

第八行：钩六针辫，花形同下，按图纸制作。

（第五、六、七、八行见图）

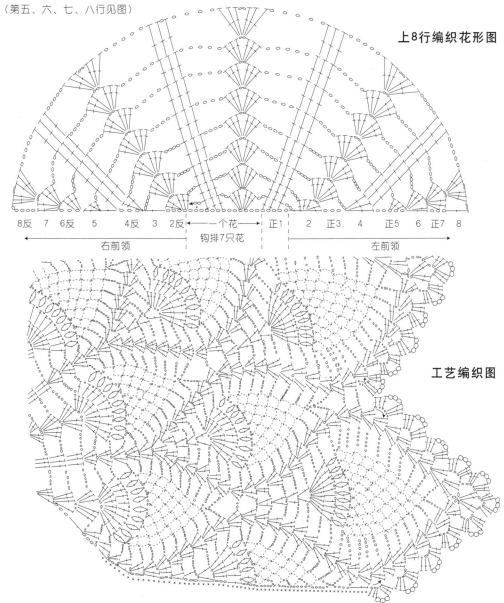

上8行编织花形图

8反　7　6反　5　4反　3　2反　──一个花──　正1　2　正3　4　正5　6　正7　8

右前领　　　钩排7只花　　　左前领

工艺编织图

9 菠萝花转角披肩

这款小披肩款式新颖独特
受到许多女性的青睐
简洁的菠萝花纹样
将披肩纤细、优美的气质
完美的表达出来
时尚的白色
可以和任何款式随意搭配
给人清新、恬美之感

编织方法：第67页

10 玉米针花毯子

玉米针花形的浮雕感造型

让整条小毯子生动有立体感

放在沙发或宝宝的小床上

会是很棒的选择

毯子的色彩和大小

根据你自己的喜好来决定

编织方法：第70页

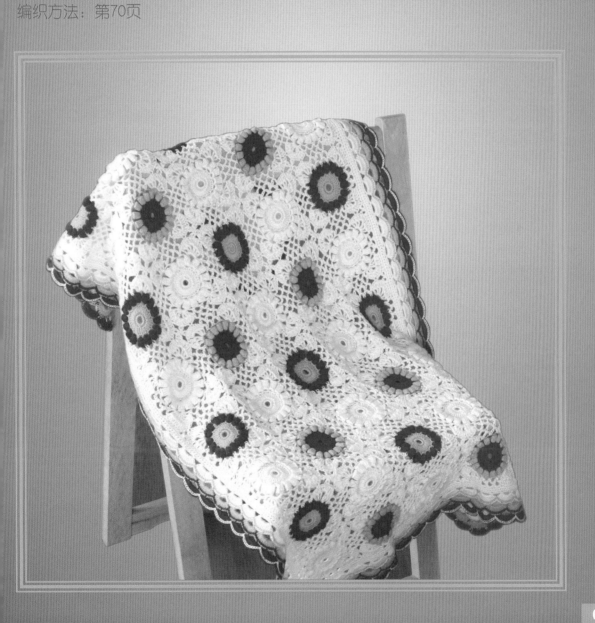

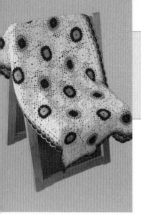

NO.10 玉米针花毯子 （编织方法）

用料：可以按照自己的需要决定使用粗、细毛线、花色纱线、混合原料

用针：按照所选择的原料质地与粗细决定

适用：宝宝用品、家庭装饰用品，如：沙发巾、床毯、靠垫……

花形：分成三种色彩的花形，1#为全白（主色），2#为花心深紫，3#为花心浅紫。

钩编方法：先钩10针辫为花心。一针起立针，钩16针短针，与第一针包合、无缝。三针起立针，在每针短针孔中各钩2长针，一周为32针长针，包合、无缝。3针辫一针短针×16次。然后3针起立针，钩5针长针，钩玉米针。再钩5针辫，在第二个辫中钩5针长针玉米针，参照图纸共16次合缝。钩3针辫，一针长针一针辫3次，中间钩3针辫。再钩一针长针一针辫3次，三针辫扣一短针，5针辫一短针2次。效果参照图纸，一周×4次。最后一行参照图纸钩编。这朵花是连续钩编，不断线，单色为1#花。

2#花与1#花相同钩至3针辫一针短针×16次断线（深紫）。用浅紫在任意一个位置钩玉米针×16次断线。再用主色在任意一个位置，参照图纸钩编，并和第一朵花连接。

3#花与2#花相同，交换深、浅两种钩编即可。

花毯的钩边参照图纸，用三种颜色，采用渐变的手法完成。

编织图

第一、三正

NO.11 几何图案靠垫 （编织方法）

用料：选择粗绒线、中粗绒线、混合原料，A、B两色，制作适合自己需要的物件

工具：适合原料的钩针一枚

　　编织顺序——钩5针辫、围成小花心。三针起立针，15针长针，第16针长针与起立针包合，向前锁一针，成一个圆。外圈在1、2、3针孔内各钩一长针，每第四针孔内钩6针长针（3针长针、2针辫、3针长针）×4，就成了方格。用两种颜色在圆与方中的不同搭配，形成三种花形A、B、C，特别是C花钩第一圈16针长针就必须4针、4针换色，这样才会在A、B、C的错位拼接中，产生强烈的立体感。

　　先按编织图A、B、C指示钩出不同颜色的花朵，再取其中任意颜色拼，拼接用一行短针；"在9针长针中各钩一针短针，在2针角辫内钩2针短针、2针辫、2针短针……"。参照图纸走向，连续拼接至需要的规格（每行排花必须是单数）。靠垫、可拼接成7朵×7、9朵×9（前后两片可用不同颜色拼接），然后把两片合在一起（整朝外面）。用一行短针把两层、钩合在一起（留一个放软靠垫的口），口两边都需钩短针。接下按图钩一周三绕长长针，一行短针。最外一行，钩3短针，1只斜角泡泡针（2针辫，在下面短针斜两丝内钩5次拉针，然后一下锁掉），再钩3针短针，1个斜角泡泡针……。

　　带子——用A、B色合拼钩一行辫，一行中长针参照实物，把它串在靠垫一周长长针孔内即可。

C

A

B

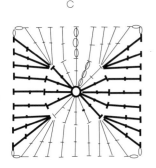

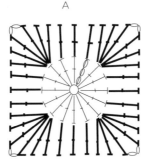

A内圈浅色	外圈深色
B内圈深色	外圈浅色
C内圈四针浅	外圈九针浅
四针深	九针深
二次	二次

编织法：❀ 五针辫

内圈：3针起立针、16针长针

外圈：3针起立针、4针长针

二针辫、9针长针、二针辫

共四次（最后5针长针与前4针合拼）

花形排列图

A 九个　B 四个　C 十二个

A	C	A	C	A
C	B	C	B	C
A	C	A	C	A
C	B	C	B	C
A	C	A	C	A

外围扣边

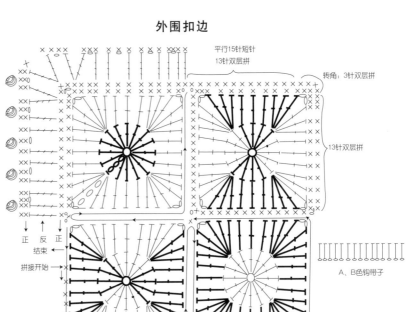

平行15针短针

13针双层拼

转角：3针双层拼

13针双层拼

正 反 正

结束←

拼接开始→

A、B色钩带子

71

11 几何图形靠垫

双面几何图形靠垫

采用简单的长针方花结构编织而成

对于初学者而言

简单又实用

喜欢的朋友不妨试着为自己的居室

制作一些温馨的靠垫

编织方法：第71页

12 多变花形大床罩

看似简单的三角型花形

通过三种色彩的组合与设计

在视觉上产生了多种造型变化

多种造型的图案

被表现的淋漓尽致

编织方法：第74页

NO.12 多变花形大床罩 （编织方法）

用料：5.5s马海毛、二股进线、20$^5_2$羊毛、四股进线

重量：3000g　其中：马海毛桔色630g、米色1260g、羊毛黑色1110g

工具：适合原料的钩针一枚　规格：内×内180cm×210cm　边宽 32cm

编织工艺

　　此款由两种原料，三种颜色、钩336朵整花，32朵半花拼接而成，先用桔色钩5针瓣、围成花心、4针起立针、3针瓣、7针长针（1、2、6、7针偏长3、4、5针正常钩）3针瓣、7针长针、3针瓣、7针长针（第7针长针与起立针包合）断线。可以流水操作，把花心钩好。

　　第二圈、用黑色——每针长针上各钩一针短针，每只角3针瓣内各钩2针短针、3针瓣、2针短针，三面钩完断线。

　　第三圈、用米色——在第6、7针上各钩一针短针，一针瓣、在8、9、10、11针上各钩一针长针、在3针角瓣内钩3针长针、3针瓣、3针长针，在1、2、3、4针上各钩一针长针、一针瓣、在5、6、7针上钩一针短针……按图要求结束。

　　把朵、朵整花钩好，再按图要求，把半花也钩好（半花每对一定是对称的）。

　　然后，按图用黑色羊毛连续拼接，每一平面的中间3针是外钩长长针。每行一朵半花，中间21朵整花，一朵半花×16行拼接成长方形（如原料关系，手势松紧关系、按自己需要决定，花朵随意改变）。

　　边用黑色——先在毯子一周钩三行短针（一整、二反、三整）第四行钩2针5绕长长针二针瓣，空三针，在第四针内再钩2针5绕长长针，二针瓣、空三针……第五行是5针花瓣。见实物图，六行套针（套色）……再反复4、5、6行钩，钩至需要长度，再钩外圈大花瓣，10针2绕长长针，第一针不钩，第二针内钩3针、第三针内钩4针、第四针内钩3针、第五针不钩。一短针，10针花瓣以此类推钩完。外面一行套色，另一行每针长长针内3针瓣一针短针，3针瓣一针短针……

实拼图

床罩三面边的
工艺编织图按
需要的宽度往下钩

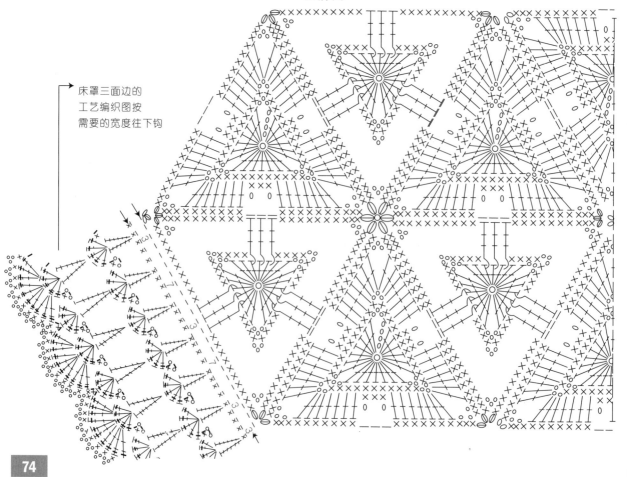

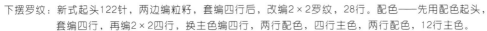

NO.13 棒针高领套头马夹 （编织方法）

用料： 36$\frac{s}{2}$×6股进线 　　**重量：** 275g（主色 225g、配色50g）

工具： 棒针　　罗纹　7#　4$\frac{1}{2}$mm　　大身　5#　5$\frac{1}{2}$mm

下摆罗纹：新式起头122针，两边编粒籽，套编四行后，改编2×2罗纹，28行。配色——先用配色起头，
　　　　套编四行，再编2×2四行，换主色编四行，两行配色，四行主色，两行配色，12行主色。

大身：先编一行平针（下针织，上针两拼一织下针），这一行由罗纹122针收为92针。然后编三回来回平
　　　针后，编24行平针，再编三回来回平针，24行平针，三回来回平针。开始反面排花，一下、六上、
　　　一下、六上……至结束92针。整面，一针粒籽，加一上针、六下，加上一针、六下……至106针，花形不变。编至第
　　　六行（绞6针小麻花），以后每12行绞一次。

开挂肩：第三次来回针结束，向上第9行开挂肩，两边各收24针，留58针。后背编至第六次绞向上四行（70行）留斜肩、后
　　　领。肩宽16针，后领26针，编四行斜肩，结束。（注意：斜肩与后领间的弧线）前片编至5绞2行开前领（56行），
　　　中间留收10针，两边各收8针，前后肩相同。

领片：起122针，两边为粒籽，排10组花形（参照领片花形图），高度20cm（领边起头，配色与下摆边相同）。

袖边：起122针，两边为粒籽，用配色起头编四行套针，改编2×2罗纹（两行主色，一行配色，两行主色，一行配色，两行
　　　主色），（领边、袖边编好不能收针，都留在针上，缝合用）。

总组装：把前、后两片、领片、两条袖边，按照各自的针法、花形进行缝制组装。

整件背心的款式、色彩都很简单，主要是几组简单的花形组成。

在制作中应该注意的一些问题：
1．在横与竖的花形之间应该注意什么？
2．收挂肩与收斜肩时应该注意什么？
3．收斜肩时留下的洞应该怎么处理？
4．衣片之间缝合时应该注意什么？
5．领边与袖边应该如何组装？

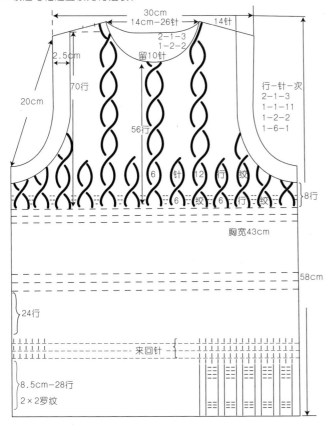

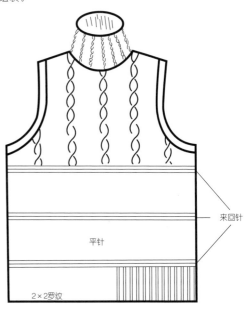

高领、领片花形图

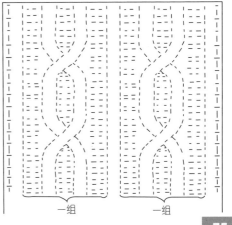

13 棒针高领套头马夹

今秋

烂漫淡雅的色彩

会更加增添你的瞩目

高领的造型

使女性柔美的颈部曲线

也因此得到充分的展示

编织方法：第75页

14 飘带小V领套衫

温婉细致的斜编方格花形

成为女性优雅妩媚的重要表现

柔情款款的女人味

就随着那起伏的线条

自然的流露出来

时尚而内敛

同色的毛皮

把领子装饰得异常丰富

编织方法：第78页

NO.14 飘带小V领套衫 （编织方法）

用料：单股毛条、细绒线、开司米拼股、棉线都可以

毛皮条：宽度0.5cm　长度3.5m

重量：230g　工具：6#钩针　密度：10×10＝7行×21针

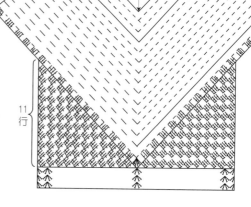

规格：身长53cm

胸宽45cm

肩宽35cm

挂肩23cm

领宽16cm

领深14cm

飘带长度：55/52cm

38/35cm

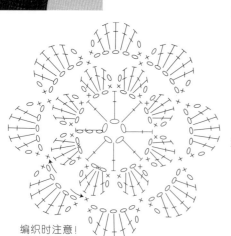

编织时注意！
是立体花
图纸是平面
第二层的一针
短针是钩在反
面第一层花瓣
中间的二针辫
子上。
钩好后在内、
外两圈孔中串
进毛皮条，即
可。

飘带

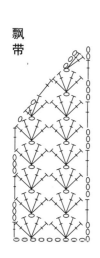

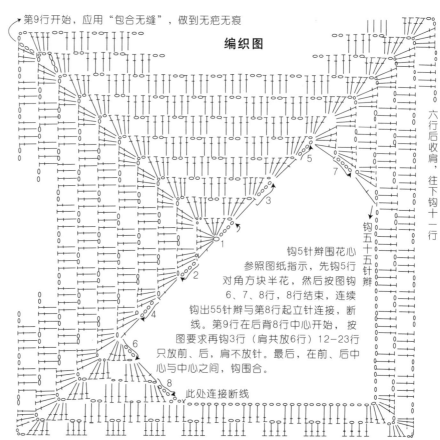

第9行开始，应用"包合无缝"，做到无疤无痕

编织图

钩5针辫围花心
参照图纸指示，先钩5行
对角方块半花，然后按图钩
6、7、8行，8行结束，连续
钩出55针辫与第8行起立针连接，断
线。第9行在后背8行中心开始，按
图要求再钩3行（肩共放6行）12-23行
只放前、后，肩不放针。最后，在前、后中
心与中心之间，钩围合。

此处连接断线

六行后收肩，往下钩十一行

钩五十五针辫

※整件衣服全部一行正，一行反钩

NO.15 菠萝花休闲马夹 （编织方法）

用料：带些垂感的原料，加一股小圈圈内的花色料

重量：200g　工具：适合原料的钩针一枚

编织工艺

从中间起头。往两边钩，钩同样的两片。把肩与腰组合，钩上领边与下摆边即可。

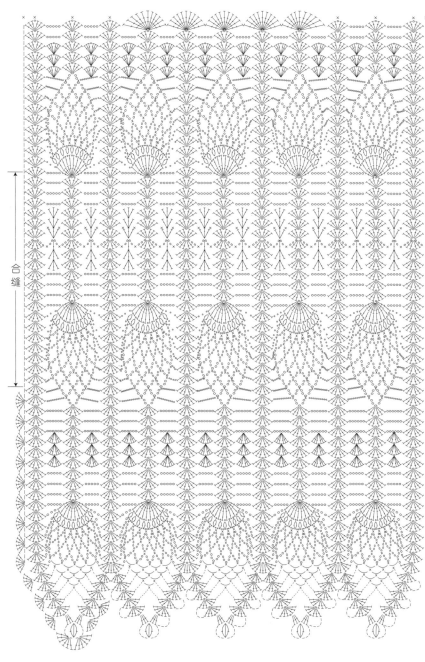

上

起头

下

合缝

起头，上、下缝间
装一根带子，就成
了休闲款式

15 菠萝花休闲马夹

无袖与镂空款式

正好迎合女孩子们的需要

以简洁的菠萝花形编织的上衣

配以细腰带

不经意间流露出

女性优雅、成熟的气质

想要摆脱平凡造型的女士

决不能错过

这个款式和色彩的编织衫

编织方法：第79页

16 Y针连帽T恤

新设计元素和新材质的加入

使得原本有些老套的钩花感觉

更具时尚感

棉质线中的银色丝绒

与精致的手工珍珠扣

突出了时尚的实用主义色彩

编织方法：第82页

NO.16 Y针连帽T恤 （编织方法）

用料：混合纱

重量：280g　工具：钩针 5#　单位：cm

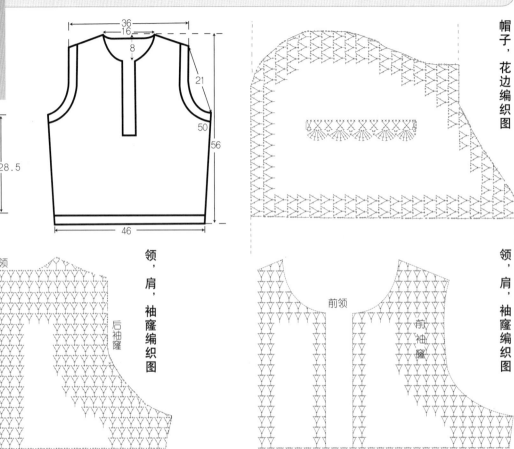

帽子，花边编织图

领，肩，袖窿编织图

后领

后袖窿

领，肩，袖窿编织图

前领

前袖窿

工艺图　钩辫起头85针，按照图纸排列花形。

第一排，27只交叉长针。第二排，每只花瓣7针长针，14瓣。

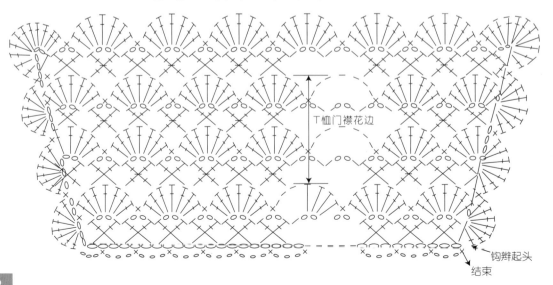

T恤门襟花边

钩辫起头

结束

NO.17 连肩袖V领开衫 （编织方法）

用料：隔花羊绒　　工具：钩针一枚

重量：255g　　密度：V 花形，10×10cm＝12×10.5只V

结构图

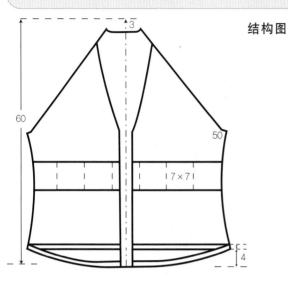

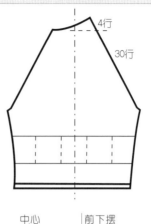

袖子、肩与前后领连接处
收针花形图

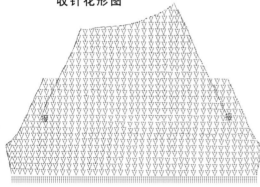

前胸，后背，前下摆
各部位收针图

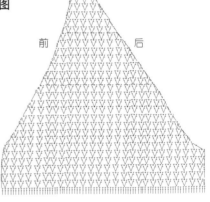

花样编织图

后背——7朵花排51V，平钩5行收肩，
开挂肩向上钩29行，两边收针参照图纸，
收至后中留13V

　前片——领与挂肩同时收，参照图纸，
25行收为零

17 连肩袖V领开衫

经典的米色

亮丽的玫红与孔雀蓝

章显爽朗健康都市女性形象

亮丽的色彩

经典的羊绒材质

和极富时尚感的款式

实现优雅的女人味

编织方法：第83页

18 棒钩组合休闲外套

鲜艳的红色
给寒冷的冬季带来一抹暖洋洋的气息
棒编与钩编的组合效果
给人们带来具有强烈对比效果的
视觉冲击力和新鲜感
别致的翻领
看似随意的推砌或翻折
却流露出穿着者的品味

编织方法：第86、87页

NO.18 棒钩组合休闲外套 （编织方法）

用料：羊毛36½ 600g 棒针部分36½×4 钩针部分36½×3

编织尺寸图：1：5

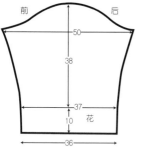

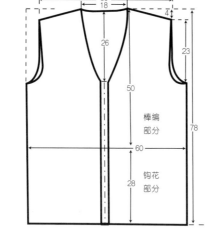

此款运用棒针与钩针两种针法组合而成，为此在编织前第一要考虑用料问题，原料必须是细支，需几股合并，不适宜用单股细线或粗线类原料。棒针编织原料必须粗于钩针编织原料，在同一件服装上才会平整。钩针采用大圆花做下摆、袖口、领片的花形，棒针编织的花形也必须配合大圆花的位置，整件服装的上下花形、厚薄与效果才能协调。棒针编织参考图纸花形。

钩针花形工艺：

一、先钩8针辫，圈小花心，1针起立针，12针短针，包合无缝。

二、锁一针辫拉长，绕一次在同一针短针针孔内向上拉一次，反复5次，一下子拉出锁紧，钩3针辫×12次，合缝。

三、3针起立针，在下面空辫上钩4针长针，在泡泡针上钩一针长针，每格5针×12次＝60针，包缝。

四、钩5针辫，空两针短针，在第三针内钩一针短针×2次，第三次辫中间空3针短针，3格共占用10针长针×6次，最后一根辫应先钩2针辫，再用一针略短的长针与第一根辫接口（共18格）。

五、每格6针辫×18次。第六行可以连续拼接，也可以单朵花完成。

六、棒针部分与钩针部分都是独立完成的，最后运用组装方式连接一体。因为是外套，整件服装钩边时使用的原料要比钩花形时使用的原料再多加一股。

钩编花形参考图

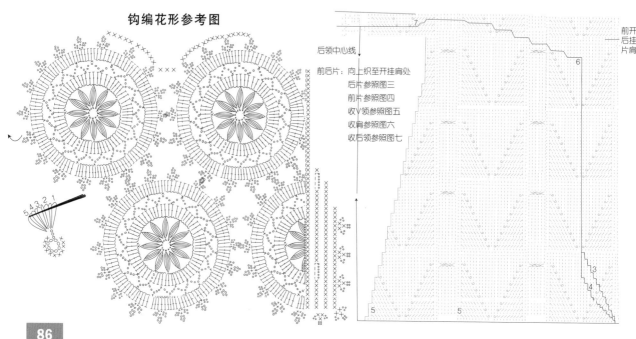

后领中心线
前后片：向上织至开挂肩处
后片参照图三
前片参照图四
收V领参照图五
收肩参照图六
收后领参照图七

前开
后挂
片肩

NO.18 棒钩组合休闲外套 （编织方法）

用料：羊毛36$\frac{s}{2}$　600g　编织尺寸图：1:5

棒针部分36$\frac{s}{2}$×4　钩针部分36$\frac{s}{2}$×3

棒编花形参考图

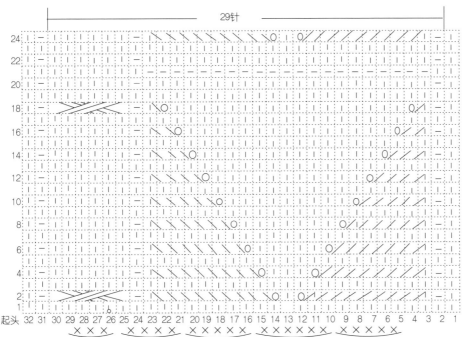

后片：老式起头170针，按上图排花，第一针粒子加一只花形29针乘6只减去5针等于170针。
前片：右襟起头89针，第一针粒子29×3+1=89针，左襟同右襟对称。

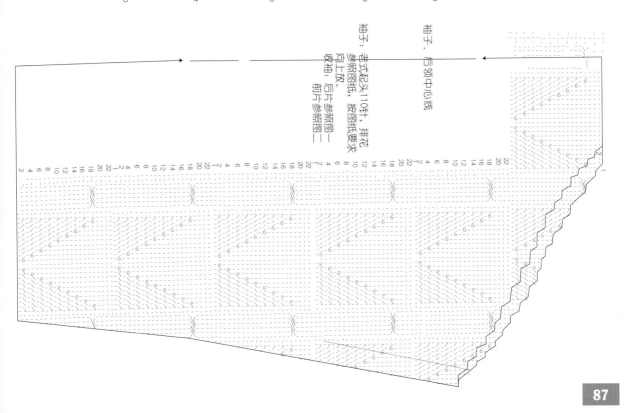

19 日式帽子　20 日式围巾　21 日式手套

色彩淡雅的紫灰色

秋冬三件套

让你看起来温柔而和煦

不对称的帽沿

和手编盘花

更增添了少女的甜美与娇艳

编织方法：第90、91页

22 中式坎肩　23 中式帽子　24 中式手套

乍凉还暖的时候

可用于多种场合

和搭配各种组合的三件套编织佩饰

是实用主义美女的必然选择

既多于变化，又照顾冷暖

展开双臂好好感受秋季

给我们带来的美好感觉吧

编织方法：第92、93页

NO.19 日式帽子 （编织方法）
用料：夹花毛　工具：6#钩针　重量：90g

NO.20 日式围巾 （编织方法）
用料：夹花毛　工具：6#钩针　重量：70g　（中粗绒线感觉）

帽子

注意：帽子、围巾适宜蓬松、保暖。

规格：帽总高21cm；帽顶18行短针11cm，
二组交叉长针4cm，三行短针1.5cm，
帽边宽9行4.5cm。

帽围：交叉长针与三行短针间围度56～58cm。

帽边口：66～68cm。

编织工艺

钩六针辫围成小花心，第一行钩8针短针；第二行各放一针为16针短针；第三行对正第一行8针放8次为24针，一直放至第八行64针；第九行不放；第十行放8针；第十一行不放；第十二行放8针；第十三行不放；第十四行放8针；一周共88针短针，钩至第十八行（11cm）；接着按照围巾的花形排22朵花形，长度钩2组（4cm）；再钩三行短针（1.5cm）。

帽边分成两片：①45针短针，②53针短针（其中两边各重叠5针）一周还是88针。各片宽度为7行，两边2行收一次，各收一针。

小片：第三行平均放3针短针，第四行不放，第五行再放3针，第六、七行不放。

大片：第三行平均放4针短针，第四行不放，第五行再放4针，第六、七行不放。然后在帽边处再钩一行短针、一行倒钩短针。

花：钩40针辫，在每针辫内钩3针长针，从小卷到大，看造型即可。

帽子编织图

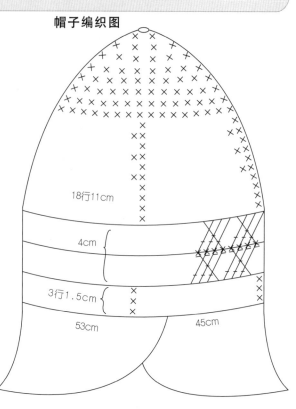

18行11cm

4cm

3行1.5cm

53cm　　45cm

围巾

规格：长86cm、宽11cm

编织工艺

先钩21针辫

第一行：在第六、七、八针辫内各钩一针长针，第四针倒回第四针辫内钩一针长针，再向前钩三针长针，向后倒钩一针长针（见图），四次后钩一针长针为边针。

第二行：钩一针起立针，在每针长针上各钩一针短针。（两行为一组）

第三、四行：编织工艺同第一、二行，钩至31组两端各钩一行短针、一行倒钩短针。

长度钩至31组，一行倒钩短针结束。下边也钩一行短针，一行倒钩短针结束。

围巾编织图

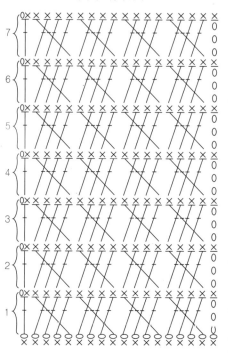

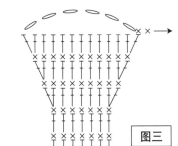

NO.21 日式手套 （编织方法）

用料：20%₂二股进线　　重量：42g

工具：3#钩针一枚　　密度：5cm×5=15针×4组

编织工艺

左手——先钩56针辫围一个圈。

第一行，三针起立针，在每针辫孔内钩一针长针，钩至27针，改钩交叉长针（见图一）。空一针辫，在
29、30、31针辫孔内先钩三针长针，然后，钩针倒回至28针辫孔内钩一针长针，四针为一组花
×7共28针，再在起立针孔内钩一针长针，锁合，一周共56针长针。

第二行，一针起立针，反方向在每针长针辫孔内钩一针短针，第56针和第一针起立针锁合（二行为一组）
（见图二）。

先钩二组，第三组在长针钩至第21针与27针孔内各加放一针。第四、第五组各加放2针，第五行
长针锁合后，反方向先钩至放针处，再钩6针辫与对面放针连接（见图三），围出大拇指，继续
向上钩。

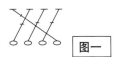

图一

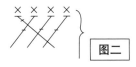

图二

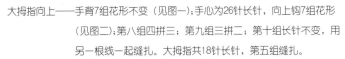

图三

大拇指向上——手背7组花形不变（见图一）；手心为26针长针，向上钩7组花形
（见图二）；第八组四拼三；第九组三拼二；第十组长针不变，用
另一根线一起缝扎。大拇指共18针长针，第五组缝扎。

右手——起头同左手方法。第一行，三针起立针，先钩7组交叉长针，
后钩27针长针，第28针与起立针锁合。……钩至第三组，在
第1、7针长针孔内各加放一针，第四、第五组各加放二针，
向上同左手编织方法操作。

手套上筒：用一根橡皮筋围成自己需要的大小，合在起头的
56针辫一起，向上用一行短针钩包在一起，开始按照
图一排花14组，钩三组图二的花形，最后参照图四编
织完成。

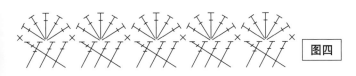

图四

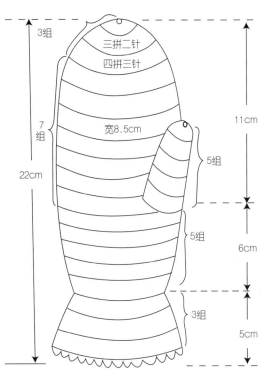

NO.22 中式坎肩 （编织方法）

用料：20%澳毛　二股进线

重量：245g　工具：3#钩针一枚

此款分大花、小花、连续钩编三种花形；两种颜色组合而成。

一、大花

　　①钩5针辫围一只小花心。三针起立针，两针辫一针长针×8次，第8针长针与起立针包合。②在两针辫内钩一针短针、两针辫、一针短针×8次，锁合。③在两针辫内钩一针短针、两针辫、一针短针，对准下行两针短针再钩两针短针×8次，锁合。断线换另一和颜色。外面一行是换色连续拼接而成。

二、小花

　　编织工艺与以上大花2行相同，配色有所不同，小花第1行用色与大花1、2、3行相同。第2、3行换色，用两行连拼法组合成自己所需的规格。

三、连续钩编花形简单，按图操作。

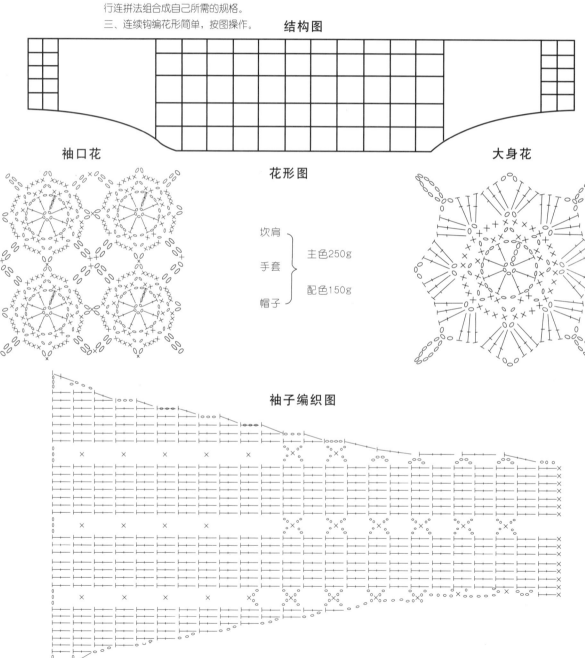

结构图

袖口花　　　　花形图　　　　大身花

坎肩
手套　　　主色250g
帽子　　　配色150g

袖子编织图

NO.23 中式帽子 （编织方法）

用料：20⅝两股进线　　重量：65g　　其中：米色38g　棕色27g

NO.24 中式手套 （编织方法）

用料：20⅝两股进线　　重量：50g　　其中：米色46g　棕色4g

帽边：4股进线，幅围16朵小花，在每朵小花上钩8针短针＝128针，共16行，2行米色，2行棕色，2行米色，2行棕色……。

在第二、六、十、十四，每行放8针×4＝32针

帽边共15行短针加一行倒钩

160针倒钩针

帽子上部：在每朵小花上钩12针短针＝192针，按图要求排花20条。钩好帽顶花，在每朵上钩4针短针时，把帽顶花套拼进去。

16朵×8＝128针

20条　此行收四次

帽顶编织工艺图

这行棕色

一圈80针短针

羊毛手套

30针

拇指：21针×10行

小指：17针×10行

食指：20针×11行

中指：19针×12行

无名指：19针×11行

手套口有6朵小花

手套上统：由6朵小花组成，用一行短针，与12处组装点连接。

起头33针

NO.25 咖啡色组合三件套——V领开衫马夹 （编织方法）

用料： 20½澳毛　二股进线 350g　配色毛 25g　配色丝 50g　　**工具：** 钩针一枚

身长： 77cm　**胸围：** 56cm　**下摆：** 57cm　**肩宽：** 38cm　**挂肩：** 25cm　**前领深：** 25cm

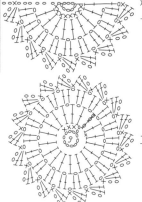

这款主要采用三种花形：圆花、条状、席纹花；三种颜色：咖啡、米色、桔色组合而成

一、圆花：①先钩9针辫圈成花心，1针起立针，钩18针短针，锁合。

②三针起立针，一针辫，一针长针×18次，第18针长针与起立针包合，锁平。两行用同一种颜色。

③在每一针辫内钩两针长针一针辫×18次，锁合。统一采用米色钩。

④在每一针辫内钩一针短针、两针辫、两针长针×18次，锁合。

注：圆花分为A、B色两种花形，①、②行用深色，④行用浅色，另一色相反，把花形按图或参照实样拼接、排列。

27朵整花：
深色花心14朵
半花2朵
浅色花心13朵
半花4朵

二、条状：在三朵花连接点左向第七、六格内各钩两针长针，四针一起锁合。

①钩13针辫，在第6、7、8、9、10辫内各钩一针中长针，钩3针辫与左向第五格拼接，再钩三针辫，对正下行钩5针中长针×4次。第五次按图指示操作。

②在第三朵花四次拼接后，按图制作。

③五格连续加倍拼接。右向同左向钩，拼接。

三、席纹花：席纹花有棒编与钩编之分，这里所指的是钩编席纹花，制作方法参照图纸。

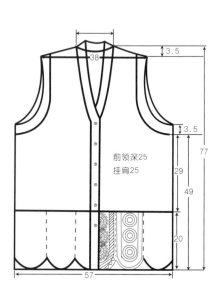

前领深25
挂肩25

整花共9条
半花2条
门襟花形左右对称

下摆花形组合图

门襟两条半花左右对称

开衫：右前

前片制作结构图

后片制作结构图

前领18行
收6只花

挂肩9格收11只花，
钩至38行开斜肩

V领与挂肩同一行开
（按图）
前片起25格，按25格平行向上钩44行。

后领一半宽度

后领深与肩斜平行，肩斜收4行，
肩宽8只花，后领宽12只花

收9行9只花
挂肩向上至35行时，再收1只花，到38行与后领同时收斜肩

后片起48格花形，按图花形向上钩至44行开挂肩；收挂肩参照图纸挂肩收法向上。

94

NO.26 咖啡色组合三件套——坎肩 （编织方法）

用料：20$\frac{5}{2}$澳毛 二股进线　　重量：300g　　工具：钩针一枚，配原料选针号

NO.27 咖啡色组合三件套——帽子 （编织方法）

用料：20$\frac{5}{2}$澳毛 二股进线　　重量：75g　　工具：钩针一枚

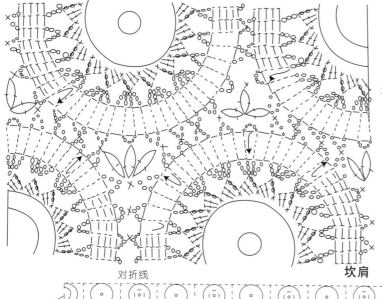

花形拼接图

花形分A色——38朵整2半花

B色——38朵整2半花

袖口：新式起头54针

长度7cm（2×2）罗纹

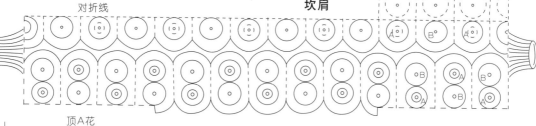

对折线　　　　　　　　　　　　　　　　坎肩

帽子

顶A花

1　2　3　4　5

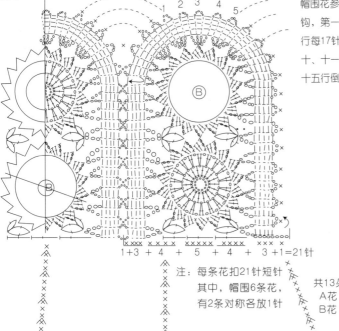

1+3 + 4 + 5 + 4 + 3 +1=21针

注：每条花扣21针短针
其中，帽围6条花，
有2条对称各放1针

共13朵整花
A花　7朵
B花　6朵

钩帽边，四股进线

帽围花参照实样1条×6，帽顶用一朵单花组装，帽边14行短针加1行倒钩，第一行排128针，第二行每16针放1次/8，第三、四行不放，第五行每17针放1次/8，第六、七、八行不放，第九行每18针放1次/8，第十、十一行不放，第十二行每18针放1次/8，第十三、十四行不放，第十五行倒钩一行。

帽顶编织工艺图

95

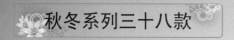
咖啡色组合三件套

25 V领开衫马夹　26 坎肩　27 帽子

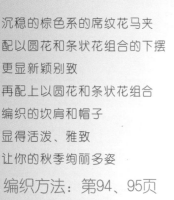

沉稳的棕色系的席纹花马夹
配以圆花和条状花组合的下摆
更显新颖别致
再配上以圆花和条状花组合
编织的坎肩和帽子
显得活泼、雅致
让你的秋季绚丽多姿

编织方法：第94、95页

彩色五件套

28 露肩马夹 29 V领长袖开衫 30 围巾

31 大衣 32 帽子

绝对时尚、独特的款式与组合

细节的装饰、变化

提升女性的成熟妩媚度

简单的圆花

镂空与密针的结合

增添服装的肌理感

拥有这一系列的套装

会使你有意想不到的惊喜

编织方法：第98、99、
102、103页

NO.28 彩色五件套——露肩马夹 （编织方法）

用料：5.5s马海毛　单股进线

重量：100g　用针：边9#3.5mm　大身9#3.75mm

后片：新式起头116针；来回四行套针
第五行结平针，收掉12针后为104针

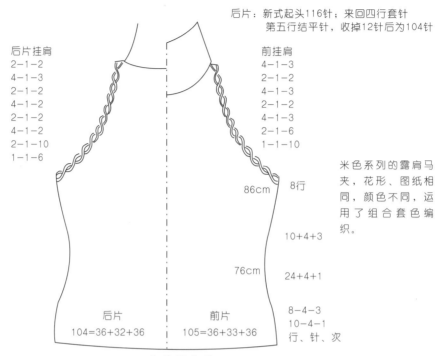

后片挂肩
2-1-2
4-1-3
2-1-2
4-1-2
2-1-2
4-1-2
2-1-10
1-1-6

前挂肩
4-1-3
2-1-2
4-1-3
2-1-2
4-1-3
2-1-6
1-1-10

86cm　　8行

10+4+3

76cm　　24+4+1

8-4-3
10-4-1
行、针、次

米色系列的露肩马
夹，花形、图纸相
同，颜色不同，运
用了组合套色编
织。

后片
104=36+32+36

前片
105=36+33+36

马夹前襟花稿

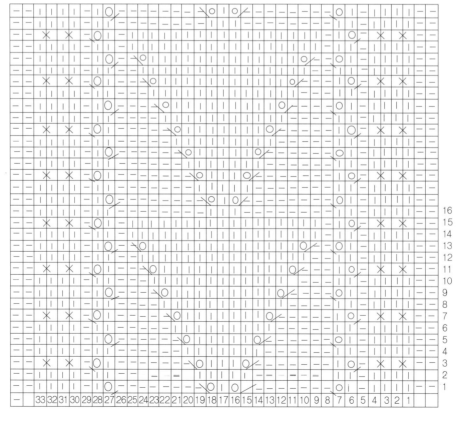

16
15 ← 第15行中心
14　向14次放针
13　孔内拉14股
12　丝（参照彩
11　图实样），
10　再继续编织。
9
8
7
6
5
4
3
2
1

33 32 31 30 29 28 27 26 25 24 23 22 21 20 19 18 17 16 15 14 13 12 11 10 9 8 7 6 5 4 3 2 1

NO.29 彩色五件套——V领长袖开衫 （编织方法）
NO.30 彩色五件套——围巾 （编织方法）

用料：5.5s单股马海毛　两股进线（棒针部分）

重量：成衣310g　用针：1#针7.5mm（棒针）

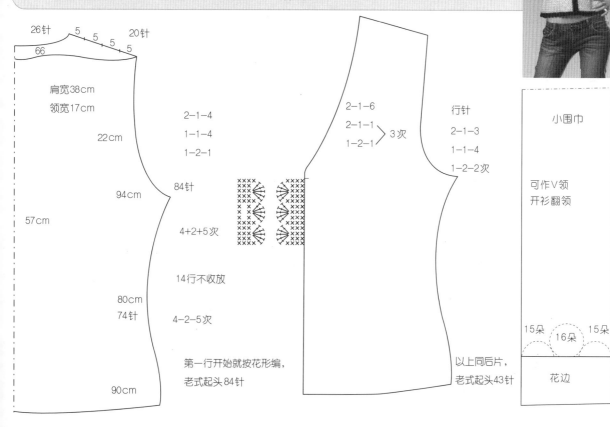

肩宽38cm
领宽17cm

26针　5　　　20针
66　　5　5　5

22cm

94cm

57cm

84针

2-1-4
1-1-4
1-2-1

4+2+5次

14行不收放

80cm
74针

4-2-5次

第一行开始就按花形编，
老式起头84针

90cm

2-1-6
2-1-1
1-2-1 } 3次

行针
2-1-3
1-1-4
1-2-2次

以上同后片，
老式起头43针

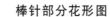

小围巾

可作V领
开衫翻领

15朵　　15朵
16朵

花边

钩花拼接图

棒针部分花形图

编织方法未完，接102页

33 V领短袖套衫

34 春秋翻领长袖开衫（棒钩组合）

优雅与随意完美结合的系列

散发着悠然的女人味

这系列套装

集今秋流行元素于一身

采用柔软舒适的马海毛

与典雅的丝线进行搭配设计

简洁的棒编花形

加平整的镂空花纹

加拉丝的毛边

引发淑女气质

恬淡的香气确实醉人

编织方法：第104、105页

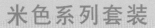

米色系列套装

35 连帽仿毛皮边大衣

36 时装帽

编织方法：第106、107页

NO.29 彩色五件套——V领长袖开衫 （编织方法）
NO.30 彩色五件套——围巾 （编织方法）

编织方法续接99页

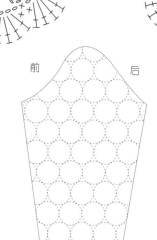

钩花工艺介绍

整花：

先钩8针辫，围成小心。

一、一针起立针，12针短针，合缝。

二、一针起立针，在起立针同一针孔内钩一针短针；然后钩
11针辫，一针短针×11次；第12次钩5～6针辫，在第一
针短针内钩一针长长针，锁针。

三、4针辫，在11针辫孔内钩一针短针×12次结束，外面一
行花瓣，边钩边整体拼接。

半花：

先钩8针辫，围成小心。

一、一针起立针，6针短针。

二、叠过半只空心。钩11针辫，一针短针×6次，第7次钩
5～6针辫，钩一针长长针。

三、反钩，先一针短针，四针辫×6次，结束（参照图纸）。

袖子工艺图

前　后

袖子花形拼接排位图

前　后

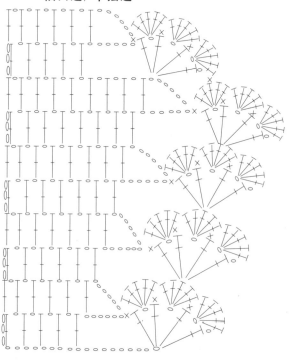

连领门襟
袖口边／下摆边

NO.31 彩色五件套——大衣 （编织方法）

用料：$36\frac{5}{2}$澳毛　　大身两股进线　　边四股进线

5.5s马海毛　　灰色、玫瑰色单股进线　　重量：480g　　用针：3号钩针

NO.32 彩色五件套——帽子 （编织方法）

用料：5.5s马海毛95g　　$36\frac{5}{2}$澳毛25g　　重量：120g

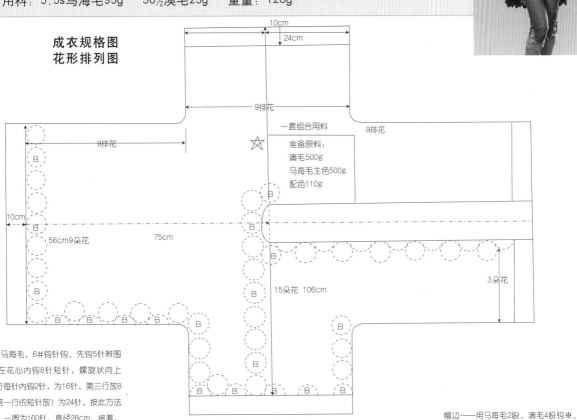

成衣规格图
花形排列图

10cm
24cm
9排花
9排花
9排花
一套组合用料
准备原料：
澳毛500g
马海毛主色500g
配色110g
10cm
56cm9朵花
75cm
3朵花
15朵花　106cm

这层用2股马海毛，6#钩针钩。先钩5针辫围成小心，在花心内钩8针短针，螺旋状向上钩。第二行每针内钩2针，为16针，第三行放8针（对准第一行的短针放）为24针。按此方法放至20行，一周为160针，直径28cm。接着，不收放，平钩四行。开始收针，每20针短针（放针与放针之间）收两次。钩8针短针9~10合并，一行收16针，共收五行80针。不收放，平钩3行，结束。

帽边——用马海毛2股，澳毛4股钩※。把A、B二层合拼一起，用一根橡筋围成自己需要长度的圆形，用一行短针，把它们组合在一起（用拼花的颜色）。然后钩七行短针：
第一行102针，第二行放6针（用灰色）
第三行不放针，第四行放6针（用混色）
第五行不放针，第六行放6针（用灰色）
第七行不放针，（用混色）
第八行钩一针短针、空一针、在第二孔内钩五针长针，空一针、钩一针短针，形成一只花瓣，一周共30只花瓣（拼花色）。

帽子花形排列图

帽子（B面花形）

平钩四行
收5行80针

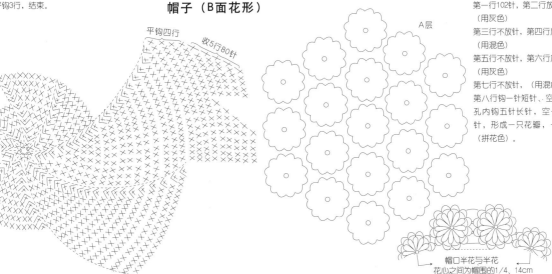

A层

帽口半花与半花
花心之间为帽围的1/4、14cm

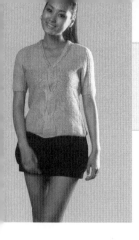

NO.33 米色系列套装——V领短袖套衫 （编织方法）

用料：5.5s马海毛　单股进线　重量：125g

工具：棒针　边、袖子9#3.5mm　大身　9#3.75mm

米色系列的露肩马夹，花形、图纸与彩色五件套的相同，可参考第98页。

规格：身长55cm　　领宽12cm

　　　肩宽33cm　　领深18cm

　　　胸宽42cm　　袖长24cm

　　　腰宽37cm　　袖口11.5cm

　　　臀围44cm　　挂肩21cm

密度：横×直 10×10=23×31

编织工艺

后片：新式起头116针，套编四行，编第一行下针，10针内收一针，留105针。参照图纸收放。

前片：新式起头138针，套编四行，编第一行下针，10针内收一针，留126针。分45针，编反平针，36针编平针，大麻花（方法参照大麻花围巾）。45针反平针。参照图纸要求编。

V领：由36针分成18针为V领边，16针麻花，边编粒籽。前片共6绞，第一，8行绞，其他都10行绞一次，后领共6绞。

前片编织图

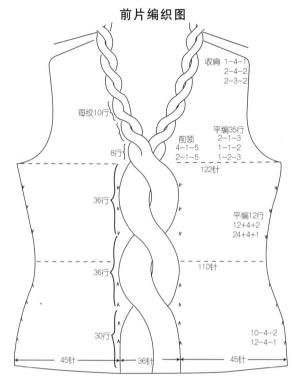

收肩 1-4-1
2-4-2
2-3-2

每绞10行

8行

36行

36行

30行

前领
4-1-5
2-1-5

平编35行
2-1-3
1-1-2
1-2-3

122针

平编12行
12+4+2
24+4+1

110针

10-4-2
12-4-1

45针　　36针　　45针

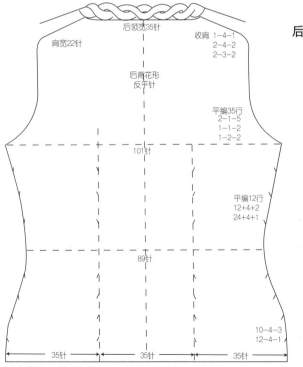

后领宽35针

肩宽22针

收肩 1-4-1
2-4-2
2-3-2

后背花形
反平针

平编35行
2-1-5
1-1-2
1-2-2

101针

平编12行
12+4+2
24+4+1

89针

10-4-3
12-4-1

35针　　35针　　35针

新式起头116针，套编四行，编第一行下针，10针内收一针，留105针。

后片、袖子编织图

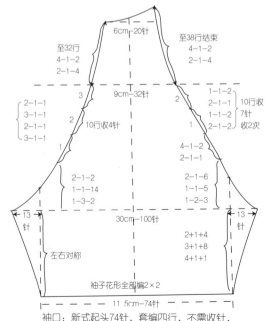

至32行
4-1-2
2-1-4

6cm—20针

至38行结束
4-1-2
2-1-4

2-1-1
3-1-1
2-1-1
3-1-1

3

9cm—32针

2

1-1-2
2-1-1
1-1-2
2-1-2

10行收
7针
收2次

2

10行收4针

1

2-1-2
1-1-14
1-3-2

4-1-2
2-1-1

2-1-6
1-1-5
1-2-3

13针

30cm—100针

13针

左右对称

2+1+4
3+1+8
4+1+1

袖子花形全部编2×2

11.5cm—74针

袖口：新式起头74针，套编四行，不需收针，换编2×2

NO.34米色系列套装——春秋翻领长袖开衫(棒钩组合)(编织方法)

用料：5.5s马海毛　单股进线　　　用针：9#3.75mm（棒针）

重量：马海毛　主色160g　配色50g（3#钩针）　丝线40g（2#钩针）

这款春秋翻领长袖开衫是由棒编与钩编组合而成。大身运用棒编，以反平针为主体，在主体成衣下端，用两次11行等分织成×2条8行的空洞※。（前后片棒编下端都有2条）按图完成棒编部分。

钩编分三部分：翻领、下摆、连肩袖。

参照图纸单独完成，然后总体组装，最后（参照实样照片）把两条8行空洞与下摆两排钩花，组合成上、下过度的曲线条。

一、棒针部分

后领36针8　肩宽28针
8　4
8　4

42行

22行平

2-1-6
1-1-6　}收16针
1行收2针2次

后片

共64行124针

10行

8-4-5

14行放4针1次

2次 { 8行拼针
3行
老式起头100针

2-1-6
1-1-6
1-6-1

29行

2-1-4
1-1-6　收16针
1-2-3

前片

放针同后片

同后片
老式起头50针

花形稿与拼接法系列共用

图4

开始

花与花连接用丝线原料

单朵整花　半花 编织方法

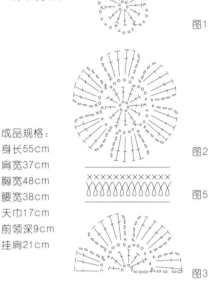

图1

图2

图5

图3

成品规格：
身长55cm
肩宽37cm
胸宽48cm
腰宽38cm
天巾17cm
前领深9cm
挂肩21cm

编织、配色、用料

"花"原料：马海毛

图1：这两行花芯用配色钩，先钩6针辫圈小芯。第一行：3针起立针、11针长针，第12针长针与起立针包合。第二行：钩4针辫扣一次短针，共六次。

图2：此花形的外圈用主色钩，每四针辫内先钩一针短针、四针辫、四针长针、四针辫，最后一针短针；六次。

整朵花：大身358朵
风雪帽47朵

扣边用仿毛皮套钩方法

图3：半花：大身48朵
风雪帽8朵

（帽子另有三朵花①②③，按帽子图案拼接，见第107页）

花形用丝线原料连接：

花与花之间运用连续拼接法。按拼接图稿，先拼接整花，然后拼半花，按半花走势连续拼接。

NO.35 米色系列套装——连帽仿毛皮边大衣 （编织方法）

用料：5.5s马海毛　　主色400g　　配色70g　　丝线100g

用针：花3#钩针，丝线拼2#钩针

花形排列图

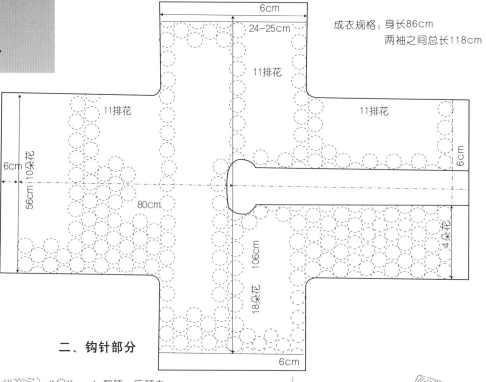

成衣规格：身长86cm
两袖之间总长118cm

6cm
24-25cm
11排花
11排花
11排花
6cm
6cm
6cm
10朵花
56cm
80cm
106cm
18朵米花
4朵花
6cm

二、钩针部分

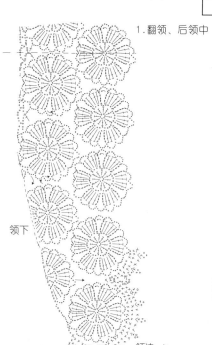

1.翻领、后领中

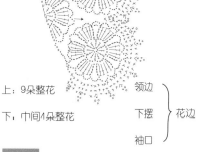

领下

上：9朵整花

下：中间4朵整花

领边

下摆

袖口

花边

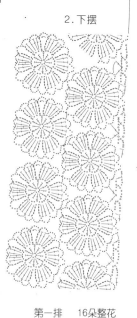

2.下摆

第一排　16朵整花
第二排　半+15整+半

3.连肩袖

肩线　肩线

后　前

用料：5.5s马海毛　丝线

重量：马海毛80g　丝线10g

花形法与拼接法

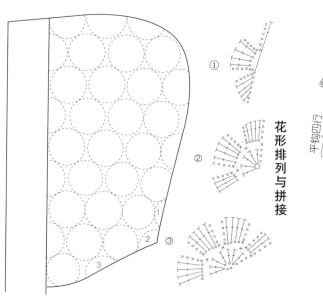

花形排列与拼接

时装帽（B面花形）

由拼花与短针两层
组装完成。

时装帽（A面花形）

帽边：二股马海毛把
A、B二层合拼一起，
按B层80针、钩整、
反、整三行短针再钩一
行倒钩短针结束。

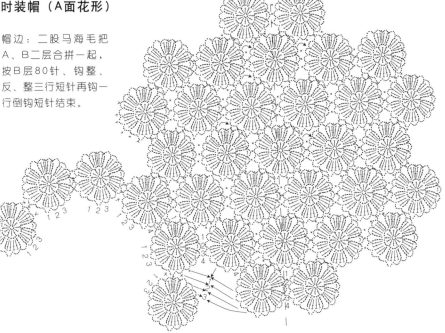

这层用2股马海，6#钩针钩。
先钩5针辫围成小心，在花心
内钩8针短针，螺旋状向上钩。
第二行每针内钩2针，为16针，
第三行放8针（对准第一行的
短针放）为24针。按此方法放
至20行，一周为160针，直径
28cm。接着，不收放，平钩
四行。开始收针，每20针短针
（放针与放针之间）收两次。
钩8针短针9～10合并，一行收
16针，共收五行80针。不收放，
平钩3行，结束。

NO.37 浅紫蓝两件套——休闲开衫马夹 （编织方法）

用料：32½澳毛　二股进线　重量：340g　其中　澳毛　深色150g，浅色80g

工具：钩针2#一枚　　　　　　　　　　　　　　　　　　丝线　深色65g，浅色45g

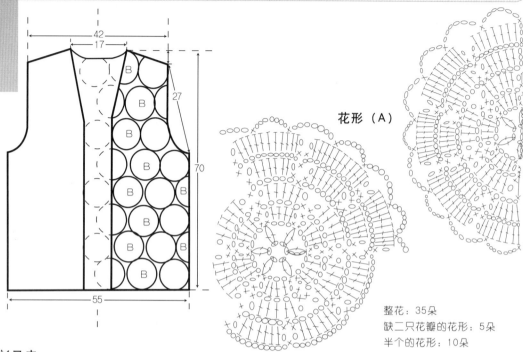

花形（A）

整花：35朵
缺二只花瓣的花形：5朵
半个的花形：10朵

（一）休闲开衫马夹

　　由两种花形、两种颜色加丝线，连领宽边组合而成。下面介绍两种花形工艺。

A、梅花——采用内两圈立体、外两圈平面，使整件成品平整中有立体动感。

①用浅色丝线钩6针辫围小花心。3针起立针、一针长针、3针辫、一只两针枣子针×6次。

②在每3针辫上钩，一针短针、一针辫、4针长针、一针辫、一针短针（为4针花瓣）×6次。

③在第一层花瓣后面，两针短针中间钩一针短针、5针辫×6次。

④在每5针辫上钩，一针短针、一针辫、5针长针、一针辫、一针短针（为5针花瓣）×6次，断线。

⑤换深色羊毛钩，在第二层花瓣后面，两针短针中间钩一针短针、6针辫，在花瓣后面第4针与第5针之间钩一针短针、6针辫，在第二只花瓣后面第一针与第二针之间钩一针短针、6针辫，又在两只花瓣、两针短针后面钩一针短针，请看图稿，第二层两只花瓣，第三层变成3瓣，也就是第二层花瓣总共6瓣，第三层为9瓣。

⑥在每6针辫上钩，一针短针、一针辫、6针长针、一针辫、一针短针×9次。

⑦在第三层花瓣与花瓣之间的两针短针中间钩一针短针（平面），钩11针辫、一针短针×9次。

⑧在每11针辫上钩，一针短针、一针辫、11针长针、一针辫、一针短针×9次，锁合，断线。

半花：辫反面钩，花瓣整钩，参照编制工艺图操作。

B、九叶花

①、②、③、④行钩法与梅花的编织法相同。用料不同，①、②、③行用浅色羊毛钩，④行用深色丝线钩。

⑤行，换浅色羊毛钩，在第二层花瓣后面，两针短针之间钩一针短针，叶片茎钩13针辫，从4针辫开始向下钩9针短针、5针辫，在第一只花瓣的第三与第四针长针之间钩一针短针，钩第二片叶茎（相同），钩5针辫，在第二只花瓣的第二与第三长针之间钩一针短针，钩第三片叶茎，钩5针辫，还在两只花瓣的两针短针后面钩一针短针。同梅花，第四行6只花瓣，到第五行成9片叶茎。

⑥行，在叶茎的第二针辫向上钩9针长针，在空的三针辫孔内钩5针长针，在9针短针上钩9针长针，再在叶茎与叶茎过渡的5针辫中间叠一针，为一张叶片×9次，最后用丝线在9张花瓣上钩一周镶边。半花瓣反钩，花瓣、叶片全整钩。按图操作，外圈网络是成衣组合，拼接一次完成。参照编织工艺图。

NO.37 浅紫蓝两件套——休闲开衫马夹 （编织方法）

用料：32°°澳毛　二股进线　　重量：340g　其中　澳毛　深色150g，浅色80g

工具：钩针2#一枚　　　　　　　　　　　　丝线　深色65g，浅色45g

花形（B）

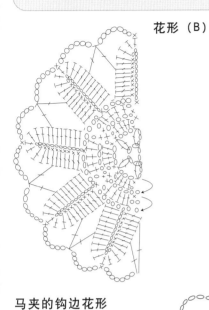

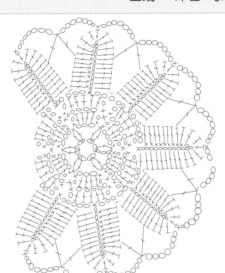

整花：30朵

缺三片叶片的花形：2朵

半个的花形：8朵（4：4对称）

马夹的钩边花形

　　第一行从门襟右下角开始，至门襟左下角。每只花上钩24针短针。第二行先钩7针辫，然后在第一行短针上空3格针孔；第四格针孔上钩一针短针，以此排列，平均每只花上排6格网眼。

　　参照实样完成。

　　袖笼与下摆先钩一行短针，以平整为主，第二行倒钩针结束。

（一）马夹门襟边

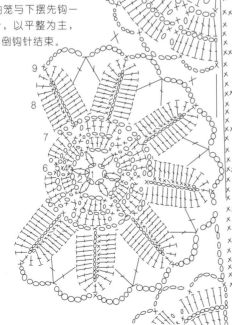

9

8

7

6

109

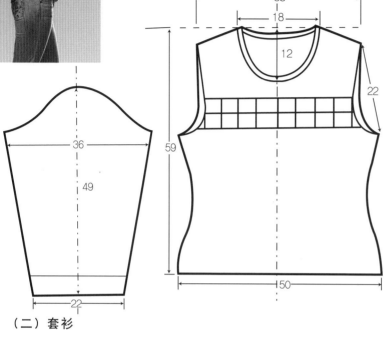

（二）套衫

这款运用两种颜色、两种花形，花心用丝线钩编，增加一点亮色，使花形更生动、层次更丰富。这一款式采用简单的套衫造型，用少量的花形分两排镶嵌在胸围的前部，使整件服装在庄重典雅中不失灵动。

下面介绍这一款式的两种花形编织工艺，其中的朵花花形，设计运用斜拉索原理，看似方花，拼花时只能上下或左右换位，在钩编组合时有它独特的一面，不妨跟着编织工艺尝试一下吧！

1. 朵花：

①先钩6针辫围成小心。钩3针起立针，5针长针，向后在3针起立针与第一针长针间锁合（为一粒玉米针），再钩3针辫在花心上扣一针短针×6次。（这一行用丝线钩）

②参照编织工艺图换羊毛钩编。在第一粒玉米针中心向上钩3针起立针、4针辫、一针长针、两针辫，然后在第二粒玉米针中心钩一针长针、4针辫，再钩一针长针、两针辫，共6次结束。

③两针起立针、4针长针、10针辫、3针长针、1针辫（这7针长针钩在对准玉米中心的4针辫内），在旁边格内钩一针短针、7针辫与旁边10针辫中心拼接，再钩8针辫、一针短针。对准第二粒玉米钩一针辫、4针长针、3针辫、4针长针、一针辫。在旁边格内钩一针短针、15针辫、一针短针。对准第三粒玉米钩一针辫、3针长针、5针辫与旁边15针辫拼接，5针辫、4针长针、一针辫。在旁边格内钩一针短针、3针辫、一针短针。这是一朵花的左一半。右一半同第三行的钩法，钩一针辫，后面钩法全部相同，完成一朵花。在拼接过程中，角与角之间必须拼接在第一次拼接产生的第一针短针内。

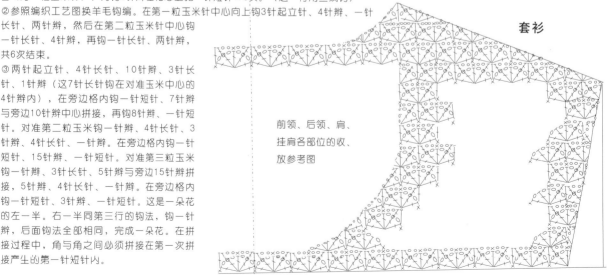

套衫

前领、后领、肩、挂肩各部位的收、放参考图

NO.38 浅紫蓝两件套——圆领长袖套衫 （编织方法）

用料：32½澳毛　二股进线　重量：300g　其中　澳毛290g　深色丝线10g

工具：钩针2#一枚

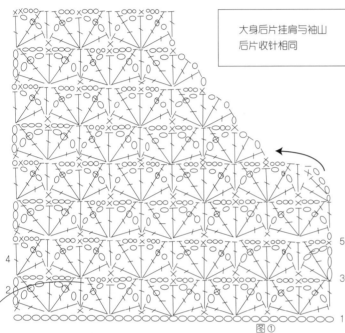

大身后片挂肩与袖山
后片收针相同

图①

2.套衫：后片花形排列图

后片起头排25只花形，向上钩至32（双行）开挂肩，参照花形图收挂肩；袖底至斜肩底之间19（双行）；后领中心留7.5只花；肩宽各留5.5只花。

*前片挂肩以下与后片相同。

*开挂肩参照收袖山的前片。

连续钩花：

①先钩一根长辫，略松。在第4针辫两根丝中钩一针长针、一针辫，参照图①至第五针长针，在第8针辫钩一针短针，排至你所需要的尺寸（可以先钩一块小样、测算）。

②三针起立针，在下面第二针长针上钩一针外钩长针、3针辫，在中间长针上钩一针短针、三针辫，在第四针长针上钩一针外钩长针，在下面短针上钩一针长针（略长），按图②操作，这花形较简单，但立体感强，花片钩出后，正、反是两种不同感觉的花形，可以任选组合。

套衫：袖子收放针参照图

起头排11只花形，每4行（双行）放半只花，共放9次；再向上钩2行（双行）收袖山。前片参照本图，后片参照大身后片挂肩收法，袖底向上钩10行（双行）结束。

前袖片与大身前挂肩相同

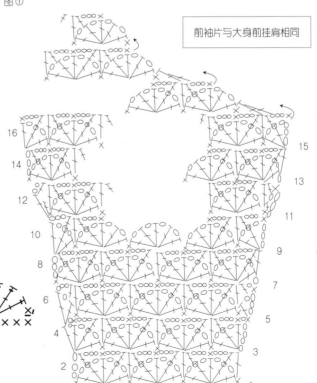

（二）领子、袖口与下摆边的花形

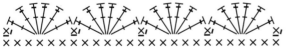

37 休闲开衫马夹

两件套是任何季节

都很流行的服装

选用三种颜色的羊毛

与丝线拼色钩织带来惊讶的效果

清爽利落的造型中

将丝线编织的花朵点缀在胸口

纤细的镂空纹样

展现出优雅高贵的气质

马夹采用细腻的镂空纹样

用钩针钩出立体的花朵

再拼接而成

给人清新典雅之感

编织方法：第108、109页

浅紫蓝两件套

38 圆领长袖套衫

编织方法：第110、111页

作者寄言

　　这是我有生以来编写的第一本书，也是第一次尝试；编书是我多年的愿望，在单位上班时，每当我设计出一个新的花形、新的款式，总是迫切的希望与大家、与更多的人共享，但是由于工作繁杂，终年忙碌，夙愿终究难了。退休后有幸让我站上了老年教育的讲台，年复一年，不知不觉中竟然已满八载，看着成堆的教材，又萌发了编辑成册的念头，而且还得到了朋友和子女的支持，在东华大学出版社的帮助下，终于圆了我出书的梦。

　　初次涉足，错漏难免，衷心希望有关专家及老师不吝赐教，把你们的意见和想法及时告知东华大学出版社编辑部，我将十分感激，并一定在今后的教学实践、创作编写的过程中加以改进。

　　下面我想就一些实际的问题与广大读者进行探讨，作者在书中只能按样衣的实际款式、花样制定规格和尺寸，如果你选中了书中某款作品，感觉这款花样及各部位规格相仿，然而通过自己制作的成品与实际还有些距离，那可能就是原料和手势的不尽相同，这时你要先制作一个小样，调节到适合自己的规格感觉时再操作。当然在制作过程中，有很多的方法和窍门，用文字较难说明。例："包合无缝"看似简单的四个字，在实际制作过程中，针法、花样的每行变化，无缝的操作也不同。运用好这四个字，你的作品平整、挺括，反之花形有疤痕，作品的整体感就差。

　　下面我提供几个简单的花样，希望读者朋友在钩织技艺上能有进一步的提高：

一、单色花朵

　　看似简单的花朵，如你不注意细节，钩出来的花朵被人称为"远看一朵花，近看一道疤。"降低了观赏效果，也降低了整体质量。我强调的"包合无缝"。是从花开始，行与行之间的连接点，都须考虑花朵的完整性，编织出的作品不论从正、反两面观看，都无痕、无疤。

正面

反面

二、配色花朵

花朵由两种以上不同颜色钩编而成，如是行与行配色，比较方便，注意换线，压线头即可。如同一行中需配色，在换线时就必须在前面颜色的最后一针就换上后面的颜色，这样色与色之间才不会篡位。

正面   反面

三、套色花朵

用不同的两种颜色，如蓝印花圆领短袖套衫，运用白、蓝两色将它配成四种暂变的过渡色，编出的成品会产生印染的视觉效应。

正面   反面

四、花朵连钩法

一件作品看似由朵朵小花拼接而成（如春夏系列NO.3花形），还有一件作品中有两种不同花形组合而成，如是单色的，可以用一线连钩法，这样的作品美观，耐用性强。

正面　　　　　　　　　　　　　　　　　反面

正面　　　　　　　　　　　　　　　　　反面

爱美之心，人皆有之，自己动手，自豪、成就感更是油然而生，在我们的有生之年里，用自己的双手，扮美人生，丰富生活，衷心希望广大读者能在我的这本书里找到自己的所爱，为您的生活增添上几分甜美。

孙林琴

2008.9